EVELYN FLÖGEL **AUTOMATENTRÄUME** MECHANIK UND POESIE. EINE KULTURGESCHICHTE DER MUSIKAUTOMATEN

2 - a
m 150 –
a
120 -
120
165 . 161

EVELYN FLÖGEL

AUTOMATENTRÄUME

MECHANIK UND POESIE

EINE KULTURGESCHICHTE DER MUSIKAUTOMATEN

ELZTALMUSEUM WALDKIRCH 2005

Inhaltsverzeichnis

ELZTALMUSEUM WALDKIRCH
EIN MUSEUM FÜR MECHANISCHE MUSIKINSTRUMENTE

Waldkirch ist seit bald 200 Jahren über die Grenzen Europas hinaus berühmt für die Herstellung mechanischer Musikautomaten. Aus dieser reichen Tradition hat das Elztalmuseum einen kostbaren Schatz an phantasievollen, klangschönen Musikautomaten zusammengetragen. Kirchen- und Karussellorgeln, Figurenorgeln und Orchestrien mit ihren vielfältigen Klangfarben brachten einst Musik ins öffentliche Leben und bringen heute Poesie ins Museum.

Mit dem Wachsen dieser Sammlung hat sich der Schwerpunkt des Regionalgeschichtlichen Museums im Ausstellungskonzept und vor allem in der Gunst des Publikums hin zu der Sammlung mechanischer Musikautomaten verschoben und ist damit auch Ziel eines internationalen Publikums geworden. Die Sammlung mechanischer Musikinstrumente wird durch das neue Ausstellungskonzept vor allem von jungen Familien und jugendlichen Besuchern vermehrt genutzt und positiv beurteilt. Ein breitgefächertes museumspädagogisches Begleitprogramm, ergänzt durch einen Schülerarbeitsbogen in deutsch und französisch, vermittelt die Ausstellungsschwerpunkte einem stetig wachsenden Besucherkreis.

Im Zeitalter der Elektronik und der computergesteuerten Simulation scheint es kaum noch Wunder zu geben. Doch muten uns die mechanischen Musikinstrumente, Meisterwerke des Erfindergeistes vergangener Jahrhunderte, heute noch wie kleine Wunder an.

Ein Besuch im Elztalmuseum führt in die Welt mechanischer Musik ein mit Klangerlebnissen der verschiedensten Instrumente, vom überwältigenden Volumen der Töne einer Großorgel bis hin zu den feinen Klängen einer Spieldose mit der ganzen Raffinesse der Feinmechanik. Und auch das Auge wird durch die optische Vielfalt immer wieder erneut gefesselt.

Das Herz der Sammlung des Elztalmuseums sind die in Waldkirch gebauten Musikautomaten, welche die heimische Geschichte des Orgel- und Musikwerkbaus erzählen.
Musikautomaten – bei diesem Gedanken werden viele Menschen zu nostalgischen Träumern. Für die meisten klingt es nach Kindheit, nach Tanz und Magie, nach Zuckerwatte und Kettenkarussell. Für andere wenige sind die Musik- und Figurenautomaten technische Preziosen. Sie kennen die Walzensteuerung, nennen die Namen der Hersteller und die Besonderheiten berühmter Einzelstücke.
Aber kann man über Musikautomaten nicht auch ganz andere Geschichten erzählen? Geschichten vom ewigen Traum der Menschen, sich ein Ebenbild zu schaffen – Androiden, Roboter, selbstspielende Klaviere, Maschinen statt Orchester, tanzende Figuren – automatische Abläufe haben den Menschen seit jeher fasziniert.
Ausgehend von den Musikautomaten der Sammlung wollen wir unseren Besuchern einen faszinierenden Themenkomplex auffächern, der das Ausstellungsspektrum des Museums erweitert. Wir folgen dem Traum vom Automaten durch die Jahrhunderte, um in einem Brückenschlag von den ersten Datenspeichern und Steuerungsmechanismen der frühen Automaten bis hin zum modernen Computer eine technische Entwicklung verständlich zu machen, die in ihren vielfältigen Facetten unseren Alltag einschneidend prägt.
Vom einfachen Kuckuck der Schwarzwälder Uhren über den Wiener Walzer auf Lochkarten bis hin zu den komplexen Steuerungsmechanismen heutiger Computer: der Besucher entdeckt Automaten und Musikwerke, Lochkarten und Mikrochips. Er betätigt eine lochstreifengesteuerte Drehorgel, begibt sich auf eine virtuelle Reise in das Innere eines Computers und versteht bei dem interaktiven Entdeckerparcours Schritt für Schritt die immer komplexer werdenden Steuerungsmechanismen unserer Computerwelt bis hin zu den jüngsten Entwicklungen in der Automatisierungstechnik.
Wer heute mit dem Computer aufwächst, hat praktisch keine Chance etwas über das Wieso und Warum zu lernen. Auch ein Blick in die Innereien des Alleskönners ist nicht sehr erhellend. Hier bietet der dreisprachig angelegte Tunnel des Begreifens mit seinen verständlichen Erklärungsmodellen einen angstfreien, spielerischen Zugang.
Bei der Zeitreise zu den in unterschiedlichen Jahrhunderten verwirklichten Automatenträumen steht nicht die Vielfalt zahlreicher Maschinen sondern der Mensch und sein kreativer Lösungsweg im Mittelpunkt. Wir rücken Menschen und ihre Lebenswelt in den Blickpunkt, nicht nur die großen Erfinder. Es sind z.B. die findigen Menschen im Schwarzwald, die an der Geschichte der Musikwerkindustrie erfolgreich mitgeschrieben haben, und es sind Menschen unterschiedlicher Gesellschaftsschichten, die mit ihrem Interesse und ihrer wachsenden Wertschätzung die Spieluhrenindustrie und den mechanischen Musikwerkbau blühen ließen. Nicht nur die Gaukler und Schausteller wussten die Musikautomaten für sich zu nutzen. Die Reichen und Mächtigen, die Künstler ebenso wie das aufstrebende Bürgertum des 19. Jahrhunderts waren von den technischen Wunderwerken fasziniert. Vor diesem Hintergrund gewinnt die spezifische Waldkircher Geschichte, eingebettet in die allgemeine Technik- und Kulturgeschichte erst ihre überregionale Bedeutung.
Dieses Buch, das den verschiedenen Ausstellungsbereichen des Elztalmuseums folgt, möchte das facettenreiche Thema "Automatenträume" einer breiteren Öffentlichkeit überschaubar erschließen, die historische Dimension der oft recht einseitig wahrgenommenen Musikautomaten aufzeigen und kurzschlüssigen Meinungen zuvorkommen.

Idealplan einer wassergetriebenen, walzengesteuerten mechanischen Orgel von Athanasius Kircher; aus: Musurgia universalis, Rom 1650

AUTOMATENTRÄUME – VON DER ANTIKE INS 21. JAHRHUNDERT

Nicht nur fliegen will der Mensch seit antiker Zeit. Er wollte auch Schöpfer sein. Schon in der Antike träumte der Mensch davon, lebendige Maschinen zu bauen. Homer erzählt von Hephaistos, dem Schmied, der mechanische Lebewesen schuf. Diodor aus Sizilien berichtet von Dädalos, der nicht nur fliegen wollte, sondern auch bewegliche, wie beseelt wirkende Statuen geschaffen habe. Und Philon von Byzanz schuf pneumatisch und hydraulisch bewegte Automaten.

Von der Wasseruhr, die der Gotenherrscher Theoderich 507 dem König der Burgunder schenkte, über die immer kunstvolleren mechanischen Musikinstrumente der Neuzeit bis hin zum elektromechanischen Hund, dem Haustier des 21. Jahrhunderts – Automaten begeistern die Menschen.

So auch die Menschen im Schwarzwald. Die Schwarzwälder von einst waren Meister in der Kunst, Lösungen von anderswo auf ihre eigenen Verhältnisse zu übertragen und weiter zu entwickeln. Das reichlich vorhandene Holz half ihnen, ihre Ideen und Automatenträume kostengünstig zu verwirklichen. So entstand zwischen 1730 und 1750 die einfachste aber erfolgreichste Automatenuhr – die Kuckucksuhr. Sie ist bis heute das am meisten verbreitete und weltweit bekannteste Produkt aus dem Schwarzwald. *[Bild 01]*

Ignaz Bruder aus Waldkirch war ein Tüftler, dem es zusammen mit seinen Söhnen gelang, Musikautomaten zu entwickeln, von der Flötenuhr über die Figurenorgel bis hin zu großen Konzertorgeln, die bereits im 19. Jahrhundert weit über Europa hinaus ihren Absatzmarkt fanden. Mechanische Musikinstrumente „Made in Waldkirch" waren einst wegen ihrer Präzision und musikalischen Qualität sehr geschätzt und stehen noch heute bei Sammlern hoch im Kurs.

Vom Musikautomaten bis zum Computer, von der Dampf- bis zur Denkmaschine – eines ist ihnen gemeinsam: Gehorsam tun sie immer nur das, was ihr Schöpfer befiehlt. Ohne elektronische Gehirne funktioniert unsere Welt längst nicht mehr. Was wird, wenn die Automaten einmal ihre Selbständigkeit erklären sollten?

MUSIK WIRD PROGRAMM Jahrhunderte lang blieben die Erbauer mechanischer Musikinstrumente einem robusten und zuverlässigen Konstruktionsprinzip treu: der Walzensteuerung. Eine Walze oder ein Zylinder, aus Holz oder Metall, wird mit Stiften versehen. Wie Noten dem Musiker, geben sie dem Automaten alle nötigen Informationen, um das Musikstück zu spielen.

Das kleine Gloggomobil *[Bild 02]* steht in einer großen Ahnenreihe. So genial einfach seine Konstruktion auch wirkt – lange waren Automaten seiner Art für die Menschen nur eine ferne Vision. Nur die Reichsten und Mächtigsten konnten sie sich leisten. Kirche und Fürsten wussten: Mit wundersamen Automaten ließ sich dem Volk Respekt einflößen. Schon Mitte des 14. Jahrhunderts baute man kunstvollste Turmglockenspiele, zu denen die Menschen voll Bewunderung aufblickten.

Seit 1352 tönt vom Straßburger Münster ein automatisches Glockenspiel, so vollendet und kunstvoll, dass es als Gleichnis der göttlichen Ordnung des Kosmos galt. Musikautomaten für jedermann folgten seiner Tradition, Ohrenschmaus für alle stieg herunter von den Höhen der Kirchtürme in mechanische Instrumente, in prunkvolle Drehorgeln und Orchestrien. Sie alle gehorchten streng dem Programm, das ihre Erbauer in die Konstruktion eingeschrieben hatten. Dieses Programm verarbeitet Musik-Daten, von Menschenhand aufgezeichnet als Anordnung von Stiften auf einer drehbaren Walze, zurück in Klang. *[Bild 03]*

Bild 01: Kuckucksuhr, 18. Jahrhundert, Elztalmuseum

Bild 02: Gloggomobil;
Modell eines Musikwerkes mit Walzensteuerung.
An dem Modell Gloggomobil lässt sich das Prinzip der Walzensteuerung leicht ausprobieren. Das Gloggomobil ist bereits eine Art Datenverarbeitungs-Anlage. Seine Stifte gleichen den Bits auf einer Diskette. Die Walze kann beliebig beschrieben werden, indem die Stifte umgesteckt werden. Was das Gloggomobil kann, ist fest programmiert: Sein Arbeitsprogramm ist in der Konstruktion seiner Klaviatur und Klöppel festgeschrieben. Von Menschenhand getrieben, wird es dank Kurbelkraft ausgeführt und verarbeitet die verstifteten Daten zu Klängen. Der Musik wird es jedoch eng auf der Speicherwalze. Wie lang sie erklingen darf, begrenzt der Umfang des Daten-Zylinders. Nach einer Umdrehung beginnt das Spiel von neuem. Ausdauerndere Speicherformen werden gesucht.

Der wachsende Ehrgeiz der Konstrukteure brachte bald unendlich komplizierte Uhren für Innenräume hervor, deren Automatik beispielsweise den Zug der Planeten über das Himmelszelt naturgetreu nachbildete. Es entstanden Wunderwerke wie die berühmte astronomische Uhr des Straßburger Münsters.

Im 16. Jahrhundert eroberten walzengesteuerte, wassergetriebene Orgeln die Parks der Fürstenhöfe. Später zogen die Automaten in vornehme Bürgerhäuser ein. Besonders beliebt waren mechanische Flötenwerke, die um den Beginn des 19. Jahrhunderts Perfektion erreichten. Auch sie waren walzengesteuert, ebenso wie die Dreh- und Jahrmarktsorgeln, an denen sich bald jedermann erfreuen durfte.

Längst haben CD und Festplatte die Speicherung von Musik übernommen, doch ein genauer Blick zeigt, dass bereits das Gloggomobil mit seiner bestifteten Walze eine Art Datenverarbeitungs-Anlage ist: seine Stifte gleichen den Bits auf einer Diskette. Ein Problem bleibt, und das teilt das Gloggomobil mit allen walzengesteuerten Automaten: Nach einer vollen Umdrehung ist die Kapazität der Walze erschöpft. Mehr Musik lässt sich nicht speichern. Schon vor über 200 Jahren versuchten Erfinder, diese Schwierigkeit zu überwinden.

DATEN VOM LAUFENDEN BAND Es war der französische Seidenweber Joseph-Marie Jacquard, der 1805 eine Innovation einführte, welche die Speicherbegrenzung der Walzen überwand. Er stanzte Lochmuster in dünne Pappkarten, die aneinander gereiht werden konnten. Eine beträchtliche Menge von Daten ließ sich so als Band aus Lochkarten, wie die neuen Speichermedien später genannt wurden, aufzeichnen und aufbewahren – in diesem Fall komplizierte Webmuster für Stoffe, die von da an in großer Menge und stets gleich bleibender Qualität produziert werden konnten. *[Bild 04]* Allerdings hatte Jacquard nicht Musik im Herzen, als er seine Innovation vorstellte. Er leistete einen entscheidenden Beitrag zur industriellen Revolution: Seine Loch-

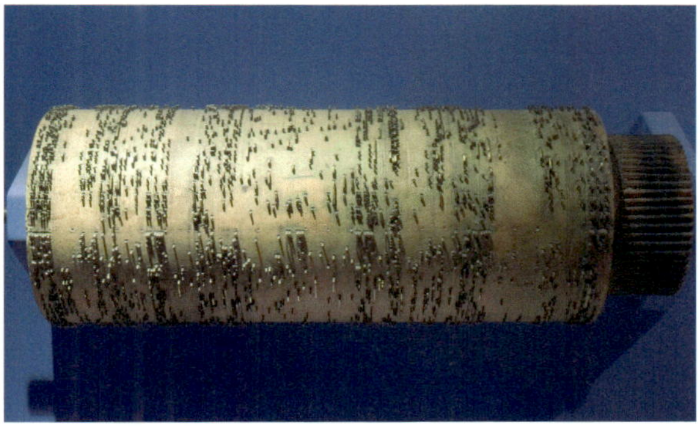

Bild 03: Stiftwalze, Waldkirch, Elztalmuseum.
Wie kompliziert Stiftwalzen als Datenspeicher im Lauf der Entwicklung schließlich werden, zeigt die Originalwalze einer Waldkircher Drehorgel aus dem späten 19. Jahrhundert.

karten waren für einen der wichtigsten Wirtschaftszweige seiner Tage bestimmt – die Textilindustrie. Denn Jacquards Lochmuster steuerten automatische Webstühle. Die Löcher, ähnlich mechanisch abgetastet wie bei einer Walzensteuerung, speicherten komplizierte Stoffmuster, die vor seiner Erfindung stets neu von Hand gewebt werden mussten. Nun ließen sie sich, datengesteuert, immer gleich und automatisch erzeugen.

Bereits die frühen durch Walzen gesteuerten Musikwerke haben uns gezeigt: Musik lässt sich als Daten aufzeichnen. Also konnte Jacquards Webstuhl-Steuerung auch für Musikinstrumente eingesetzt weren. Das erkannten als erste französische Musikwerkbauer in den 50er Jahren des 19. Jahrhunderts. Bald waren daher auch Musikautomaten in der Lage, umfangreiche Kompositionen zu spielen. Unterschiedliche Lochkarten-Techniken wurden erprobt: Zum Beispiel Faltkartons, die ziehharmonikaförmig gestapelt werden konnten. *[Bild 05]* Nach Waldkirch kam das Prinzip der Lochkartensteuerung Ende des 19. Jahrhunderts. Die Pariser Firma Gavioli, die hier einen Filialbetrieb besaß, führte es ein. Auf diese Weise blieb die Waldkircher Musikwerkindustrie konkurrenzfähig.

Eine wesentliche Verbesserung der Lochkarten-Steuerung gelang, als die mechanische Abtastung der Lochmuster um 1885 von dem Berliner Harmonikabauer Otto Zabekow durch

Bild 04: Jacquard-Webstuhl
(Katalog Deutsches Museum, München)

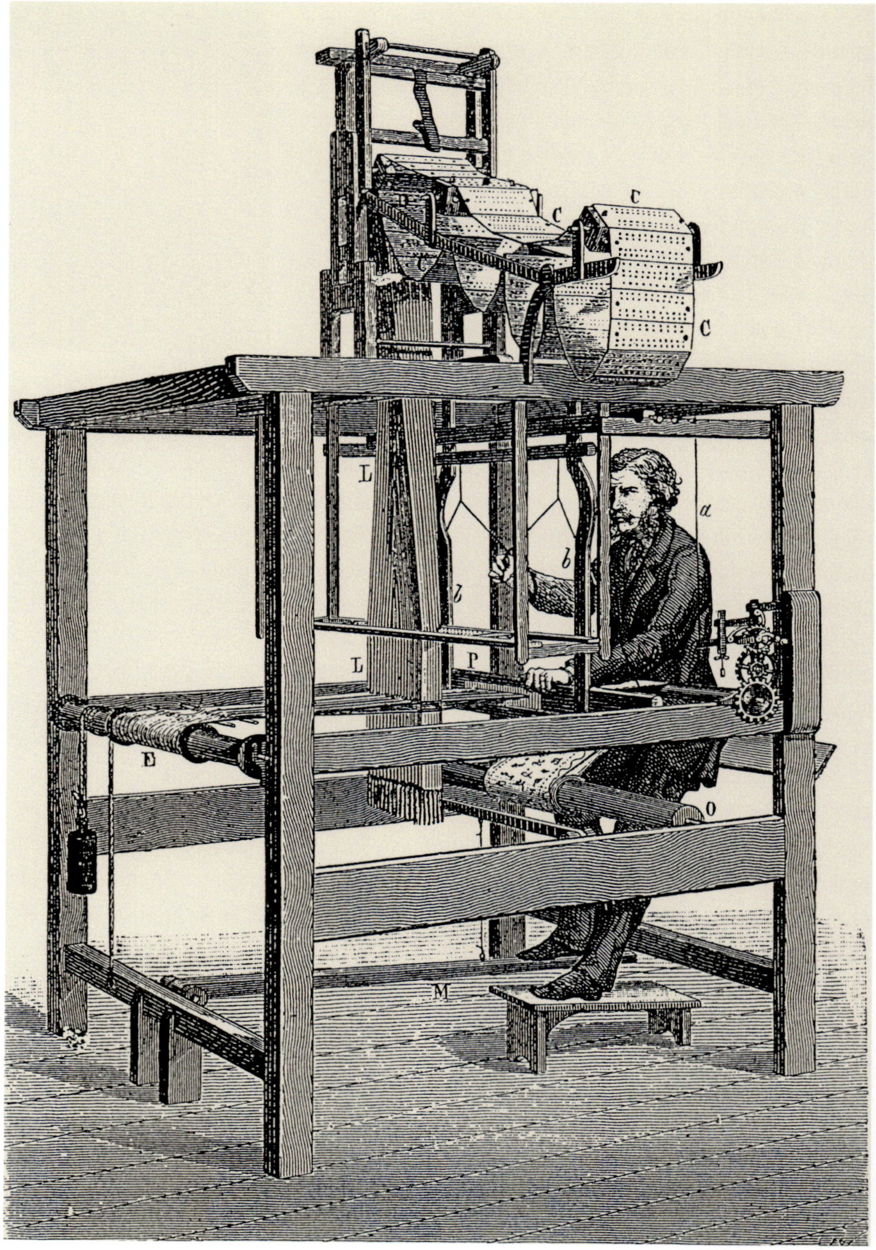

eine pneumatische ersetzt wurde. Verwendet wurden statt der bisher eingesetzten Kartons perforierte Papierbänder, die nicht mehr mechanisch abgetastet, sondern mit Luft aus einem Blasebalg direkt durchblasen wurden. Zabekow gilt daher als Erfinder der pneumatischen Steuerung von Musikautomaten, deren Bedeutung er jedoch nicht erkannte. Er selbst verwendete sein System nur in Kinderdrehleiern. Doch Nachahmer erreichten dadurch große Verfeinerungen der Wiedergabe auf großen Instrumenten.

1889 bereits wurde in Freiburg von der Firma Welte ein Vakuumsystem entwickelt, das mittels Unterdruck ein Platz sparendes Lochband einliest. Zur Vollendung gelangte dieses System ab 1905 mit dem pneumatisch gesteuerten Reproduktionsklavier „Welte-Mignon" aus dem Hause M.Welte & Söhne. Dies konnte dank Lochbandsteuerung das Spiel eines Klaviervirtuosen in allen Feinheiten und Schattierungen aufnehmen und wiedergeben. Die hoch komplizierte Aufnahmetechnik war Firmengeheimnis. Im 2. Weltkrieg wurden die Betriebsanlagen vollständig zerstört. Das Wissen um die Aufnahmetechnik ging verloren. Bis heute bleibt es ein ungelöstes Geheimnis.

Dank Lochkarte und Lochband war das Problem der Speichergröße nun überwunden. Doch bereits Jacquards Erfindung zeigte: Die Zeit, da Automaten nur der Unterhaltung des Publikums dienten, war vorbei. Programmgesteuerte Mechanik drang in die Arbeitswelt vor. Maschinen konnten von nun an Menschen ersetzen – sogar meisterhafte Pianisten. Noch immer jedoch waren die Automaten jeweils auf spezielle Zwecke festgelegt. Ihr Arbeitsprogramm konnte der Besitzer nicht verändern, lediglich die Daten: Ein Welte-Mignon kann Klavier, aber nicht Trompete spielen. Neben neuen Anwendungen für ihre Datenspeicher suchten kreative Erfinder nun auch Techniken, die es ihren Automaten erlauben sollten, beinahe jede beliebige Aufgabe zu lösen – etwa Musikvirtuose und Mathematik-Genie in einem Gehäuse zu sein.

Bild 05: Perforierter Faltkarton. Umfangreicher Datenspeicher, geeignet für große Musikstücke

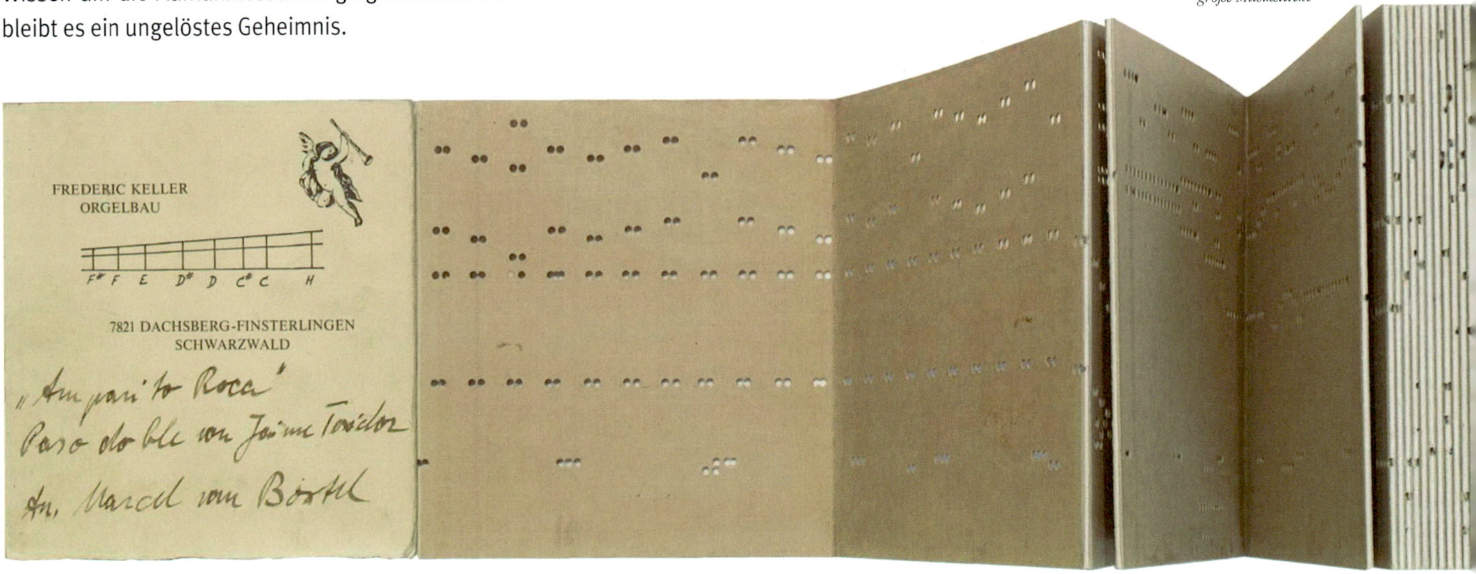

Bild 06: Relais der Z3-Generation. Elztalmuseum, Waldkirch

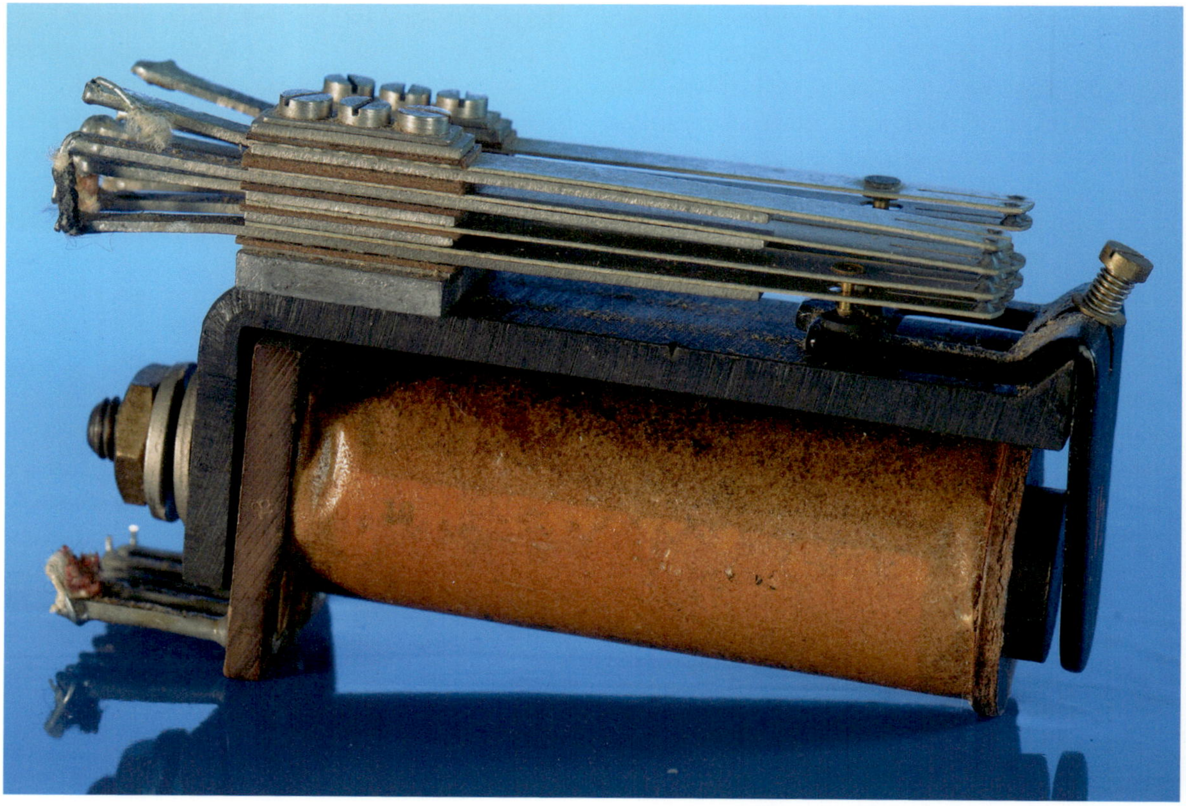

AN DIE ARBEIT, AUTOMATEN! Ohne Mathematik lässt sich kein Staat machen. Verwaltungen brauchen Daten, um den Bedürfnissen von Millionen Menschen gerecht zu werden. Doch bereits vor über 100 Jahren wuchs die Fülle statistischer Daten den Behörden über den Kopf.

Während Automaten, gespeist mit fast beliebig großen Datenmengen, längst vollendet Orgel und Klavier spielen konnten, wurden die Fragebögen von Volkszählungen noch von Menschenhand ausgewertet. In den USA, wo schon im 19. Jahrhundert alle zehn Jahre Dutzende Millionen Befragungskarten ausgefüllt werden mussten, dauerte deren Auswertung so lange, dass währenddessen schon wieder die nächste Zählung vorbereitet wurde. Bei der 10. US-Volkszählung 1880, bei der die Daten von rund 50 Mill. Einwohnern durch etwa 500 Helfer aufgenommen werden mussten, dauerte die Erfassung 10 Jahre. Der amerikanische Ingenieur Hermann Hollerith (1860-1929) erkannte, dass nur die Automatisierung helfen konnte. Was mechanische Musikinstrumente längst vermochten, übertrug er auf die Statistik: Er führte 1886 eine Zählmaschine für gelochte Karten ein. Später kamen Kartensortierer hinzu. Bei der 11. US-Volkszählung von 1890 triumphierten die neuen Automaten. Dank

Hollerith wurde die Statistik für jetzt 62 Mill. Einwohner nicht erst nach 10 Jahren, sondern unter Verwendung von 43 Zählmaschinen schon nach zweieinhalb Jahren fertig gestellt. (*Heger, S. 22*) *[Bild 06]*
Allerdings waren Holleriths Zählautomaten von 1890 noch keine Computer *[Bild 07]*. Denn sie ließen sich nicht für andere Aufgaben umprogrammieren. Eigentlich taten sie nichts grundlegend Komplizierteres als das durch Walzen gesteuerte Gloggomobil oder die durch ein Lochband gesteuerten Musikautomaten. In ihren Arbeitsschritten waren sie an die Architektur ihrer Maschinen gebunden: Sie konnten zählen, aber nicht rechnen. Einige Tüftler träumten weiter von Maschinen, die jede Rechenaufgabe würden lösen können – und einiges mehr.
Dazu musste sich das Programm, also die Anweisungen, was die Maschine tun sollte, von der Bauweise der Maschine lösen. Nicht mehr nur die zu verarbeitenden Daten, sondern auch das Arbeitsprogramm musste auf einem auswechselbaren Medium gespeichert werden, zum Beispiel auf Lochstreifen. Diese Technik nutzte der deutsche Ingenieur Konrad Zuse, der seit 1935 experimentelle Rechner konstruierte, für seinen Automaten Z3, den er 1941 fertig stellte.
Z3 war mit 2600 Relais ausgestattet, elektromagnetischen Schaltern, die klickernd und klackernd pro Sekunde etwa zwanzig einfache Operationen, wie etwa die Addition von zwei Zahlen, ausführen konnten. Der Automat Z3, 1944 in Berlin-Kreuzberg von Bomben zerstört, war der erste funktionsfähige, frei programmierbare Rechenautomat der Welt. Er wurde zur Berechnung von Flugzeugflügeln genutzt. Ein Nachbau steht heute im Deutschen Museum München.
Von Z3 war es nur noch ein kleiner Schritt zum modernen Computer, dem König der Automaten.

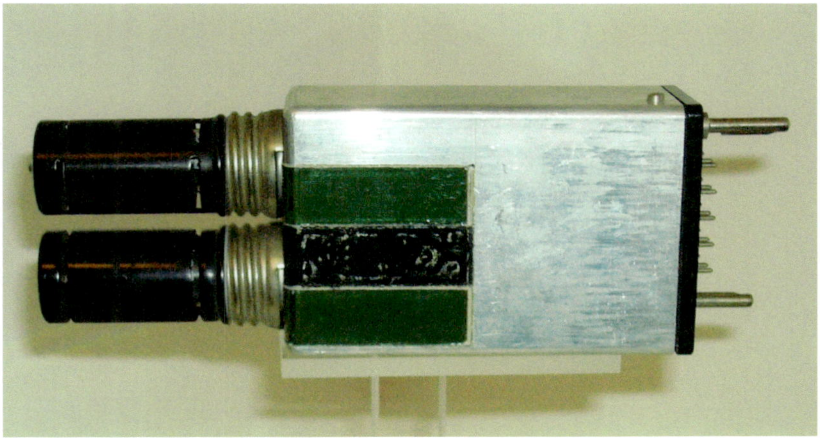

Modul des Röhrenrechners Ermath, Zürich, 50er Jahre, Elztalmuseum

TRIUMPH DER ELEKTRONENHIRNE Auf dem Zenit ihrer Raffinesse erwächst der Mechanik ein mächtiger Feind. Arbeiten in Zuses Z3 noch Telefonrelais *[Bild 08]*, gezogen von Magneten, sind es doch schon Elektronenströme, welche die eigentliche Arbeit leisten. Bald glühen in den Automaten Röhren, die schalten und rechnen. Bis zu 50.000 von ihnen benötigte ein Computer, so groß wie ein Haus.
Doch auch die Zeit der Röhren ist vergänglich: Winzige Silizium-Plättchen können Programme billiger, schneller und störungsfreier verarbeiten. Transistoren erobern die Welt. Millionen von ihnen finden heute Platz in einem einzigen integrierten Schaltkreis. Sie sind es, die den Computer, der Millionen mal schneller als Z3 rechnen kann, aus dem klimatisierten Rechenzentrum auf jeden Schreibtisch getragen haben. So erobert sich der Automat seinen Platz in der Lebenswelt. Der Umgang mit dem Computer wird zur selbstverständlichen Kulturtechnik für jedermann, dank eines winzigen Stückchens verarbeiteten Glassandes...

FORTSCHREITEN DER AUTOMATISIERUNG DURCH DEN AMERIKANISCHEN INGENIEUR HERMANN HOLLERITH

Bild 07: Die Zählmaschine, Schaltbild; Hermann Hollerith, U.S.A. 1890, Elztalmuseum.
Die Volkszähler stanzten die Auskünfte der Bürger als Löcher in ihre Kärtchen. Diese wurden elektromechanisch ausgewertet: In einem Lesegerät floss Strom, sobald die über die Karte gleitende Abtastfeder bei einem Loch einen Kontakt herstellte. Elektromagneten betätigten dann das Zählwerk.

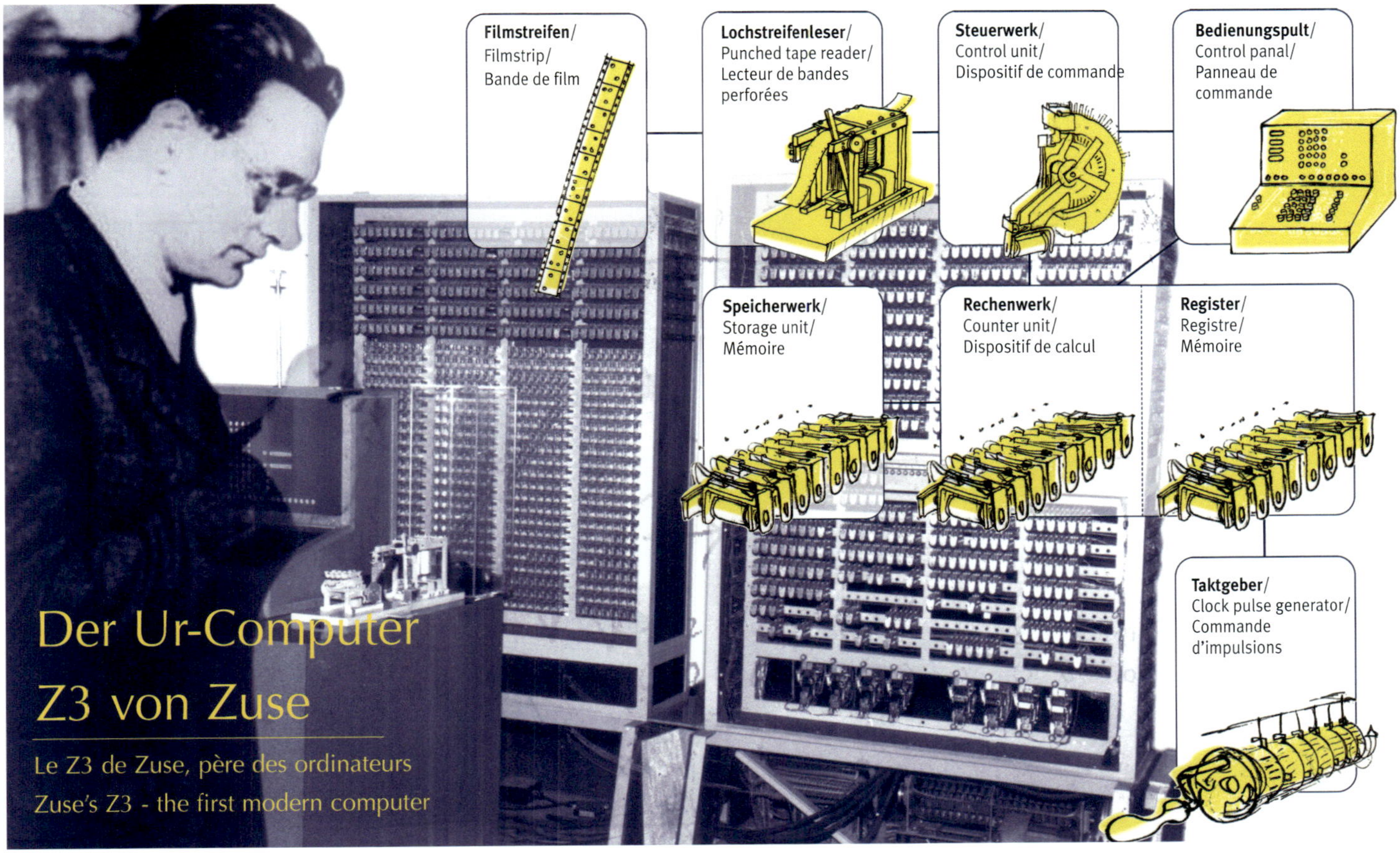

Der Ur-Computer Z3 von Zuse

Le Z3 de Zuse, père des ordinateurs

Zuse's Z3 - the first modern computer

UND DEN DEUTSCHEN INGENIEUR KONRAD ZUSE

Bild 08: Der Urcomputer Z3, Blockschaltbild; Konrad Zuse, Berlin, 1941 Elztalmuseum, Waldkirch.
Z3 liest sein Programm von gelochten Filmstreifen ein, die Zuse mit einem Handlocher codierte. Schritt für Schritt, 5,44-mal pro Sekunde, wird der Streifen transportiert und das Lochmuster gelesen, das die Rechenoperation vorgibt.
Jeder Lesevorgang entspricht einem einzelnen Programmschritt.
Dessen Ausführung im Rechenwerk und die Datenübertragung in die Speicher werden vom zentralen Steuerwerk koordiniert.
Die zu verarbeitenden Daten bekommt Z3 vom Benutzer geliefert, der die Zahlen über eine Tastatur eingibt. Intern rechnet der Automat jedoch nicht mit unserem Zehn-Ziffern-Zahlensystem. Er benutzt wie moderne Computer ein Zweiersystem aus Bits – elektrischer Kontakt oder kein Kontakt. Eingegebene Daten und die Ergebnisse seiner Rechenarbeit kann Z3 in Kurzzeitspeichern wie in einem Datensilo unterbringen.
Ist eine Berechnung abgeschlossen, wird das Resultat auf einer Leuchtanzeige sichtbar.

Bild 09 : Hunde-Roboter Aibo II, Sony 2004, 64-Bit Prozessor, Ram mit 64 MB. Schenkung der Firma SICK an das Elztalmuseum, Waldkirch. Der Unterhaltungsroboter Aibo II zeigt, wie geschickt heutige autonome Roboter bereits ihre Körper unter Kontrolle haben: Der Gleichgewichtssensor bringt Aibo immer wieder auf die Beine. Der Infrarotsensor misst Abstände zur Vermeidung von Kollisionen. Dank Mikrophon und Spracherkennung versteht er ein paar Wörter und mit Hilfe der Digitalkamera in seinem Kopf kann er sehen.

DIE PROGRAMMIERTE DIENERSCHAFT Der Automatentraum ist wahr geworden. Allgegenwärtig, in Armbanduhr und Kamera, in Auto und Zentralheizung, gebietet programmierte Elektronik über den technisierten Alltag.

Unser Alltag wird geprägt von einer Vielzahl unterschiedlichster Automaten, einem Heer programmierter Diener. Der Staubsauger fängt an zu denken und die Fertigungsstraße passt auf ihre menschlichen Partner auf. Das Arbeitsprogramm kann sich in beinahe unsichtbaren Mikrochips verbergen, im Toaster, im Kaffeeautomaten, in der Waschmaschine ebenso wie im Mixer und sogar unter der Haut. Der Mensch empfindet Respekt vor der Raffinesse, doch auch Unbehagen vor der Macht der Maschine.

DER TRAUM IM 21. JAHRHUNDERT Der Traum vom Automaten wird auch im 21. Jahrhundert weitergeträumt. Maschinen mit menschenähnlichen, intelligenten Fähigkeiten zu bauen ist heute das Ziel der Forschung. Wissenschaftszentren in aller Welt arbeiten daran, der Komplexität menschlicher Fähigkeiten mit immer aufwändigeren Steuerungsprogrammen nahe zu kommen. Ziel ist der intelligente Roboter. *[Bild 09]*

Doch wie treibt man die Entwicklung intelligenter Roboter voran? Am besten mit einem Hunderoboter oder indem man die Roboter Fußball spielen lässt, darin sind sich die Forscher einig. Im Fußballspiel können entsprechende Lösungen erprobt und weiterentwickelt werden. Damit der Roboter sich im Fußballspiel auf immer neue Begebenheiten einstellen und sich zurechtfinden kann, muss er seine Umgebung wahrnehmen und erkennen können. Dies ist eine der

Begrüßungsautomat, SICK, Waldkirch 2004, gebaut für das Elztalmuseum Waldkirch. Der Begrüßungsautomat besitzt zwei Infrarotsensoren und Sprachmodule. Mit seinen Sensoraugen registriert er Bewegungen in seinem Blickfeld. Er kann zwischen Kommen und Gehen unterscheiden und reagiert auf das unterschiedliche Bewegungsmoment mit einer Begrüßung oder einer Verabschiedung.

wichtigsten Voraussetzungen für eine künstliche Intelligenz. Intelligentes Handeln auf dem Fußballfeld wie in der Arbeitswelt beruht auf einem Denkprozess, der exakte Wahrnehmung voraussetzt. Autonome intelligente Systeme brauchen deshalb ausgezeichnete Wahrnehmungssysteme. Hier bietet hoch entwickelte Technik für Optik und Sensorik aus der Waldkircher Firma SICK, Bausteine, die es der Forschung erlauben, dem Traum vom intelligenten Roboter einen wichtigen Schritt näher zu kommen.

Der wichtigste Sinn für den Menschen und den interagierenden Roboter ist das Sehen. Computer und Roboter können diese komplexe Sinnesleistung des Menschen nur sehr einfach nachahmen: Meistens gehen sie nach dem Prinzip der Mustererkennung vor und vergleichen das Wahrgenommene mit zuvor abgespeicherten Daten: Die „Sensoraugen" von SICK besitzen Infrarot-Dioden und einen intelligenten Chip, der mit lichtempfindlichen Fotozellen ausgestattet ist. Der Infrarotstrahl des „Sensorenauges" visiert das Objekt an, das den Strahl reflektiert. Die auf diese Weise erhaltenen Daten werden von dem intelligenten Sensor ohne Umweg über einen zentralen Rechner durch Vergleich mit bereits gespeicherten Bildmustern in seiner Datenbank ausgewertet. Dadurch sind sehr schnelle Reaktionszeiten möglich. *[Bild 10]*

Der Kreis schließt sich. Waldkircher Automatenträume des 19. Jahrhunderts werden in der Stadt fortgeführt von heutigen Konstrukteuren moderner Elemente für die intelligenten Automaten der Zukunft.

Bild 10: Das Computerauge, SICK, Waldkirch 2004

LA PRESLE
DENTISTE
BOZEAU FILS.TAPISSIER
HUITRES
Etched by R.B.Peake.

1 MACHINE DREAMS – FROM MECHANICAL MUSIC TO MACHINE POWER

Even in antiquity man dreamed of building living machines. The water clock Theoderic the Ostrogoth gave the King of Burgundy in 507 was a symbol of supreme power. Later cuckoo clocks *[Fig. 01]* and computers, steam engines and thinking machines all obediently follow their creator's commands. What if machines should suddenly declare their independence?

MUSIC GETS PROGRAM For centuries, builders of mechanical musical instruments adhered to a robust and dependable design principle: the barrel-and-pin system. A barrel or cylinder made of wood or metal is studded with pins. Like sheet music read by a musician, they give the machine all the information it requires to play the piece of music. The gloggomobil on display here provides a simple demonstration of the principle.

When you turn the handle, the wooden barrel begins to revolve. The black pins placed in a selected number of holes trigger the mechanism on contact. They touch levers that are lined up in a row like the keys on a piano. When a pin strikes a lever, it pushes it down, and the clapper connected to the lever is lifted up and sounds its note.

In addition, the opulent music boxes and barrel organs built prior to the 20th century commonly featured highly intricate moving figures. Our gloggomobil *[Fig. 02]*, for example, is decorated with a moving bird. Although brought to life by the music, these figures actually follow the commands of the barrel. A nose scans the barrel and moves the gloggomobil's bird with leverage force. If the bird is supposed to flutter its wings and remain immobile, this can be programmed into the barrel with bridges instead of pins across an entire section of holes. These bridges also enable barrel organs to sustain a note longer. Just how complicated pinned barrels eventually became can be seen in our antique barrel from a 19th century Waldkirch barrel organ. *[Fig. 03]*

The gloggomobil is one member of a long ancestral line. Although its construction may appear ingeniously simple, mechanical instruments of this type long remained a distant vision for the common people. Only the rich and powerful could afford them. Churchmen and royalty knew that these odd musical machines could earn them respect among the people. By the middle of the 14th century, they were already building ornate glockenspiels on church towers, a source of wonderment for people gazing up at the them. These instruments also featured the barrel-and-pin mechanism. Constructors became ever more ambitious, producing immensely complicated clocks for interiors, which included moving contraptions such as an accurate model of the movements of the planets across the heavens, and marvels such as the famous ornate clock in Strasbourg Cathedral. The 16th century saw barrel-operated, water-driven organs appear in one royal park after another. They later also took their place in bourgeois homes. An especially popular variety was the mechanical flute player perfected at the beginning of the 19th century. It, too, was barrel-driven, as were the organs that would soon give pleasure to ordinary people at fairgrounds and on city streets.

Music has been stored on CDs and hard drives for some time now – but a closer look shows that the gloggomobil itself is a type of data processor. Its pins are equivalent to the bits on a computer disk. Owners can define their own pattern for the barrel by rearranging the pins. The gloggomobil's musical range is pre-programmed, and can be determined by the design of its keyboard and clappers. Driven by hand, it is powered by way of crank force and converts the data on the pins into sounds. One problem remains, common to both the gloggomobil and all barrel organs – the capacity of the barrel is exhausted after one full revolution. Over 200 years ago, inventors were already trying to overcome the difficulty of storing more music.

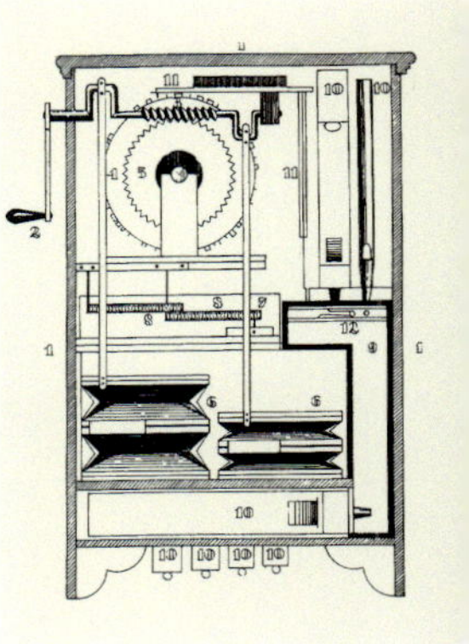

PNEUMATIC PAPER ROLL SYSTEMS It was an innovation by Frenchman Joseph-Marie Jacquard at the beginning of the 19th century that solved the limited storage capacity of barrels. He punched hole patterns into thin sheets of pasteboard that could be strung together. This enabled a considerable volume of data to be stored as a strip of what would later be called punched cards. *[Fig. 04]*

Jacquard did not have music at heart, however, when he introduced his innovation. He made a decisive contribution to the industrial revolution; his punched cards were intended for one of the most important economic sectors of the era – the textile industry. It was Jacquard's hole patterns that were used to automatically operate looms. The holes, mechanically detected in similar fashion to a barrel mechanism, stored complex fabric patterns that previously had to be woven by hand. Thanks to the new invention, their manufacture could now be data-driven, automatical and identical. The gloggomobil already showed that music can be stored as data. Jacquard's loom principle was thus also applicable to musical instruments. French organ makers first realized this in the 1850s. Soon, the machines were able to play more complicated compositions. A variety of punched card techniques were tested, e.g. folding cardboard that could be stacked like an accordion *[Fig. 05]*. The principle of punched card operation arrived in Waldkirch at the end of the 19th century. It was introduced by the Paris-based Gavioli firm, which had a branch in the town. This helped the Waldkirch musical instrument industry to remain competitive.

The punched card system underwent a crucial improvement in 1885, when Berlin harmonica maker Otto Zabekow introduced a pneumatic system for reading the hole patterns in place of mechanical actuation. Rolls of paper were now employed instead of a string of cards. We can test this principle with our model of a pneumatic punched card system. Turn the handle and a number of mechanisms will be activated simultaneously. A pair of bellows creates the air pressure that drives the punched paper roll, which stores the data. As it runs across a guide block, the holes release the stream of air. The latter may then, for example, lift the red control valve corresponding to the hole's position, sounding a note from the red pipe. This mechanism would soon undergo major enhancements. In 1889 the Freiburg-based Welte firm developed a system that used a vacuum to read in a space-saving punched tape. The system culminated in the automatic "Welte-Mignon" piano introduced in 1906. Thanks to its punched card technology, it was able to play music with all the subtleties and nuances of a concert pianist.

The punched card and paper roll system effectively solved the problem of storage capacity. Jacquard's invention had already shown, however, that the time when these machines were used solely for entertainment was over. Program-controlled mechanics was entering the world of work. From now on, machines could replace people – even virtuoso pianists. The new machines, however, were still limited to specific applications. Their owners could change only the variable data, but not the operational program. A Welte-Mignon cannot play a trumpet. In addition to new applications for their data storers, creative inventors were now also looking for techniques that would allow their machines to solve virtually every conceivable task – housing, as it were, a musical virtuoso and mathematics genius in one.

GET TO WORK AUTOMATA Mathematical machines were soon to become a matter of national interest. Governments need data to be able to cope with the requirements of millions of people. By the late 19th century, the increasing volume of statistics was already overwhelming authorities. While machines had for some time been able to play the organ or piano with accomplishment, census forms were still being evaluated by hand. In the USA, where dozens of millions of census cards had to be filled out every ten years, assessing the information took so long that in the meantime the next count had already begun. Engineer Hermann Hollerith saw the indispensable help that automation could provide.

He applied the proven abilities of mechanical musical instruments to the gathering of statistics; he introduced the punched card. After building suitable reading and writing

devices, he later added card sorters. Information on the country's citizens was registered as holes punched into the cards. The latter were then evaluated electromechanically; electrical current flowed through a contact when the detector pin touched a hole. Electromagnets then triggered a counter. The new machines were a triumphant success during the 1890 census. Hollerith's invention cut the time required for statistical evaluation from ten to two and a half years *[Fig. 07]*.

Hollerith's counting machines used in 1890, however, were not yet computers, as they could not be reprogrammed. In principle, they did nothing more complicated than the gloggomobil or the pneumatic punched card mechanism. They could count, but not compute. Some inventors continued to dream of machines that would solve any arithmetical task – and more besides.

This required the program, i.e. the instructions for the machine, to be separated from the constructional principle of the machine. The program, not just the data, now had to be stored interchangeably, e.g. on punched tape. German engineer Konrad Zuse *[Fig. 08]*, who began building experimental computers in 1935, used the technique for his Z3 machine. Completed in 1941, the Z3 reads in its program from punched tape. Zuse encoded it with a keypunch. As the tape is gradually shifted on, 5.44 times a second, the hole pattern is read. Every reading process corresponds to a single program step whose execution in the counter and transfer of data to the storage unit are coordinated by the central control unit.

The user, who enters numbers via the keyboard, supplies the Z3 with data. Internally, however, the computer does not calculate with our ten-digit system of counting. It uses a bit-based binary system, like modern computers. The Z3 can accommodate input data and the results of its computations in temporary storage units, like in a data silo. Once a calculation has been completed, the result is displayed on a visual indicator.

The Z3 was fitted with 2600 relays, electromagnetic switches that clinked and clattered their way through around twenty simple operations every second, such as adding two numbers together. Destroyed in the Kreuzberg district of Berlin during air raids in 1944, Z3 was the first operational freely programmable calculating machine in the world. It was used for calculating aircraft wing specifications. A replica is on display in Munich's Deutsches Museum.

It was only a small step from the Z3 to the modern computer, the ultimate product of automation.

Refined magnetic relays in Zuse's Z3 are driven by electric current. Soon mechanical parts are replaced by up to 50.000 tubes in a house-sized computer, and they in turn by microelectronics. Transistors and integrated circuits, programmed technology in coffee machines and cameras, cars and central heating systems control our lives.

THE DREAM IN THE 21ST CENTURY Dreaming of automata is still current today. Machines with humanlike skills are the goal of research. In order for artificial intelligence, i.e. automata of tomorrow, to be able to assist us in a comprehensive manner one day, they must be capable of doing more than just follow an exchangeable work program. Machines of the future must be enabled to act intelligently. Researchers initially pursue a playful, entertaining path with robots that are put to the acid test at the play level. Playing football provides the best testing ground for autonomous mobile robots such as the Japanese dog robot or the football robots of German research centres *[Fig. 09]*.

Accurate perception, however, is the prerequisite for intelligent action both on the football pitch and in the work environment. That is why "sense organs" are becoming increasingly important in automation technology. Here intelligent sensors from SICK provide elements for tomorrow's automation technology *[Fig. 10]*.

Roll-Monica

Chanteur de complaintes à Barr.
Dessin de Lix, d'après nature

1 RÊVES D'AUTOMATES – DE LA MUSIQUE MÉCANIQUE AU POUVOIR DES MACHINES

Dès l'Antiquité on a rêvé de construire des machines douées de vie – les automates. Ainsi, le Roi des Goths Théodoric offrit la clepsydre ouvragée au Roi des Burgondes en 507. Cette horloge à eau symbolisait un pouvoir ultime. Les descendants de celle-ci comme le coucou *[Image 01]* et l'ordinateur, les machines à vapeur et à penser, ont un point commun: ils obéissent à leur créateur. Qu'arrivera-t-il si un jour les automates décrètent leur indépendance ?

LA MUSIQUE C'EST TOUT UN PROGRAMME Pendant plusieurs siècles, les facteurs d'instruments de musique mécaniques sont restés fidèles à un principe de construction réunissant robustesse et fiabilité: la commande par cylindre. On utilise un rouleau ou un cylindre en bois ou en métal que l'on équipe de picots ou de chevilles. Comme les notes pour le musicien, les automates délivrent toutes les informations nécessaires pour la reproduction du morceau de musique. Sur le Gloggomobil, on peut aisément tester ce principe à l'aide du modèle placé dans ce cube.*[Image 02]*

Lorsque vous tournez la manivelle, le cylindre en bois tourne. Les chevilles noires enfichées dans certains des trous du cylindre déclenchent le mécanisme en se déplaçant. Elles entrent en contact avec des leviers de touches appelés clavis disposés côte à côte comme les touches d'un piano. Quand une cheville rencontre un levier de touche, elle enfonce ce dernier vers le bas, et le marteau relié à ce levier de touche se soulève puis frappe le son correspondant.

De plus, notre Gloggomobil est agrémenté d'un oiseau mécanique. En effet, on pouvait rencontrer sur les orges de Barbarie somptueux du siecle dernier de nombreux exemples de ces figures mobiles d'une extrême complexité. La musique les ramène à la vie, mais elles aussi sont soumises aux instructions du cylindre. Sur le Gloggomobil c'est une lame de transmission qui réalise la commande de l'oiseau. Celle-ci palpe le cylindre et fait bouger l'animal par un système de levier. Si l'oiseau doit cesser de battre rapidement des ailes, cet effet est programmé au moyen d'agrafes qui recouvrent plusieurs perforations du cylindre. Grâce à ces agrafes il est possible également de prolonger les notes jouées. Le degré de complexité atteint par ces cylindres à chevilles est illustré par notre cylindre original provenant d'un orgue de Barbarie de Waldkirch datant du XIXe siècle.*[Image 03]*

Le petit Gloggomobil appartient à une grande lignée d'orgues. Aussi génialement simple que puisse paraître sa construction – les automates de ce type sont pourtant longtemps restés inaccessibles pour la plupart des gens. Seuls les riches et les puissants pouvaient se les offrir. L'Eglise et les princes savaient qu'avec des automates aussi étonnants, il était possible d'insuffler au peuple le respect. Déjà vers le milieu du XIVe siècle, on construisait des tours à carillons finement ouvragés que le peuple contemplait rempli d'admiration. Ces carillons étaient également commandés par des mécanismes à cylindre. L'ambition grandissante des facteurs d'orgues provoqua bientôt l'apparition dans les intérieurs d'horloges d'une incroyable complexité dont le mécanisme par exemple était capable de reproduire la rotation des planètes dans le firmament avec une parfaite précision, comme dans le cas des mécanismes extraordinaires de l'horloge astronomique de la cathédrale de Strasbourg. Au XVIe siècle ce sont des orgues à jeux d'eau commandés par des cylindres qui envahissent les parcs des cours princières. Plus tard les automates prennent d'assaut les demeures de la haute bourgeoisie. Les orgues à flûtes étaient particulièrement appréciés, ils atteignirent la perfection au début du XIXe siècle. Ces derniers possédaient également une commande à cylindre, de même que les orgues de Barbarie et orgues de foire dont chacun pu bientôt profiter.

Depuis un certain temps déjà les CD-ROM et disques durs ont relayé la mémorisation de la musique – pourtant en y regardant de plus près, il est possible d'affirmer que déjà le Gloggomobil était une sorte de dispositif de traitement des données. On peut comparer ses chevilles aux octets sur une disquette. Son propriétaire peut à loisir programmer le cylindre, simplement en modifiant l'emplacement des chevilles. Les possibilités du Gloggomobil sont programmées de manière définitive: son programme est inscrit définitivement dans la construction de son clavier et de ses marteaux. Une manivelle tournée par une main humaine entraîne le programme qui est traité pour reproduire des sons par l'intermédiaire des chevilles représentant les données. Mais un problème reste que le Gloggomobil partage un défaut avec tous les automates à commande par cylindre: après un tour complet, les capacités du cylindre sont épuisées. Il n'est pas possible de mémoriser plus de musique. Pendant plus de 200 ans, les inventeurs ont essayé de résoudre cette difficulté.

COMMANDE PNEUMATIQUE À BANDE PERFORÉE Au début du XIXe siècle le Français Joseph Marie Jacquard *[Image 04]* réussit à surmonter le problème des capacités de mémoire des cylindres en se servant d'une innovation. Il perfora des schémas de perforations dans des plaques en carton fin qui pouvaient être assemblées à la suite les unes des autres. On a ainsi pu enregistrer une quantité considérable d'informations sur des bandes de cartons perforés comme furent nommés plus tard ces nouveaux supports de mémorisation *[Image 05]*. Toutefois la musique n'était pas l'objectif de Jacquard lorsqu'il présenta son invention. Il apporta une contribution décisive à la révolution industrielle: ses cartons perforés étaient destinés à l'un des plus importants secteurs économiques de son époque – l'industrie textile. Car les schémas de perforations de Jacquard servaient à la commande automatique des métiers à tisser. Les trous, palpés mécaniquement comme sur une commande à cylindre, mémorisaient des motifs d'étoffe complexes qui, avant cette invention, devaient à chaque fois être tissés à la main. Il fut ainsi possible de les créer toujours identiques et en automatique, grâce à une commande à données.

Déjà le Gloggomobil avait montré que la musique pouvait être conservée sous forme de données. Le principe de Jacquard pour les métiers à tisser pouvait donc aussi s'appliquer aux instruments de musique. Les premiers à utiliser ce principe furent des facteurs d'orgues français au milieu du XIXe siècle. Les automates furent alors en mesure de reproduire des compositions de plus grandes dimensions. Différentes techniques de cartons perforés ont été mises à l'épreuve: par exemple les cartons pliés, que l'on empilait en accordéon. Le principe de la commande par cartons perforés arriva à Waldkirch à la fin du XIXe siècle. La société parisienne Gavioli qui y possédait une filiale l'a introduit. Ainsi l'industrie de la musique de Waldkirch resta concurrentielle.

La commande à cartons perforés connut une amélioration essentielle lorsque le palpeur mécanique des schémas de perforations fut remplacé en 1885 par un palpeur pneumatique réalisé par le facteur d'harmonicas Otto Zabekow à Berlin. Les bandes de cartes furent remplacées par des bandes continues en papier. Il est possible de tester ce principe à l'aide de notre modèle à commande pneumatique par bande perforée. Quand vous tournez la manivelle plusieurs mécanismes sont actionnés simultanément. Un soufflet produit une pression d'air et en même temps le support de mémoire à bande perforée est mis en marche, il se déplace sur un bloc de guidage. Là les perforations libèrent le souffle de travail lors de leur passage. Cette pression soulève par exemple la soupape rouge correspondante à la position de la perforation, et le tuyau rouge retentit. De grandes améliorations du mécanisme sont possibles. En 1889 la société Welte de Fribourg (Allemagne) développe un système à vide capable de lire une bande perforée à encombrement réduit grâce à une dépression. Ce système a trouvé son aboutissement à partir de 1906 avec le piano automatique «Welte-Mignon». Grâce à sa commande à bande perforée, ce dernier était capable de reproduire le jeu d'un pianiste virtuose dans toutes ses finesses et nuances.

Grâce aux cartons et bandes perforés, le problème des capacités de mémoire était donc résolu. Mais déjà l'invention de Jacquard l'avait montré: les temps étaient révolus où les automates devaient uniquement servir au divertissement du public. La mécanique à commande programmée avait pénétré le monde du travail. Les machines pouvaient désormais remplacer les humains – et même d'excellents pianistes. Mais les automates étaient uniquement capables de réaliser des tâches bien déterminées. Leur propriétaire ne pouvait pas modifier le programme de travail, seulement les données : un Welte-Mignon ne pouvait pas jouer de la trompette. Parallèlement à de nouvelles applications pour leur mémoire de données, des inventeurs créatifs cherchèrent alors de nouvelles techniques pouvant permettre à leurs automates de réaliser les tâches les plus diversifiées – par exemple un musicien virtuose doublé d'un mathématicien de génie dans une même boîte.

AU TRAVAIL LES AUTOMATES – HOLLERITH ET ZUSE

Sans mathématiques il n'y a pas d'Etat. Les administrations ont besoin de données afin de subvenir aux besoins de millions de personnes. Il y a plus de 100 ans déjà que les statistiques posent un grand problème aux fonctionnaires.

Tandis que les automates, orgues et claviers étaient depuis longtemps parachevés et pouvaient jouer, les questionnaires de recensement eux devaient encore être valorisés à la main. Aux USA où des douzaines de millions d'habitants devaient remplir des cartes de recensement tous les dix ans, la valorisation des données était si longue qu'entre temps le recensement suivant avait été lancé. L'ingénieur Hermann Hollerith en a conclu que seule l'automatisation pouvait apporter une aide *[Image 07]*.

Ce dont les instruments de musique mécaniques étaient déjà capables depuis longtemps, il l'appliqua aux statistiques: il introduisit la carte perforée. Il construisit pour cela les appareils d'écriture et de lecture adaptés. Plus tard on leur ajoutera des trieurs de cartes. Les fonctionnaires chargés du dépouillement perforaient dans des cartes les renseignements fournis par les citoyens. Les cartes étaient ensuite valorisées selon un procédé électromécanique: un courant électrique passait dans un appareil de contact quand le palpeur entrait au contact d'un trou. Des électro-aimants commandaient un dispositif de comptage. Ces nouveaux automates ont connu un grand succès lors du recensement de 1890 aux USA. Grâce à Hollerith les statistiques ne nécessitaient plus dix années, mais elles étaient terminées après deux ans et demi.

Toutefois les automates de comptage d'Hollerith en 1890 n'étaient pas encore des ordinateurs. Ils ne pouvaient subir de changement de programme. En fait ils ne faisaient rien de plus compliqué que le Gloggomobil et sa commande pneumatique à bande perforée. Ils pouvaient compter mais pas calculer. Certains bricoleurs continuaient de rêver à des machines capables de résoudre toutes les opérations de calcul – et même plus.

Pour ce faire, le programme, donc les instructions déterminant les tâches de la machine, devait se détacher de la structure même de la machine. Non seulement les données, mais le programme également devait pouvoir être mémorisé séparément et être interchangeable, par exemple sur des bandes perforées. Cette technique fut utilisée par l'ingénieur allemand Konrad Zuse qui construisait depuis 1935 des calculateurs expérimentaux pour ses automates Z3. Réalisé en 1941, le Z3 pouvait lire son programme à partir de bandes de films perforés *[Image 08]*. Zuse les codaient à l'aide d'une perforatrice manuelle. Étape par étape, 5,44 fois par seconde, la bande était transportée et le schéma de perforation était lu. Chaque opération de lecture correspon-

AU PARADIS DES MUSICIENS
WAGNER. — Concierge, flanquez-moi à la porte ce mouleur de valses.
(*Floh*, Vienne.)

dait à une seule étape du programme dont la réalisation dans le dispositif de calcul et le transfert des données dans la mémoire étaient coordonnés par le mécanisme de commande central.
Les données du Z3 sont livrées par l'utilisateur. Ce dernier entre des chiffres au moyen d'un clavier. À l'intérieur toutefois, l'automate ne calcule pas à l'aide de notre système de calcul décimal. Il utilise un système binaire composé d'octets comme les ordinateurs modernes. Le Z3 peut mémoriser les données saisies et les résultats de ces opérations de calcul, dans des mémoires temporaires de courte durée comme dans un silo de données. Quand un calcul est terminé, le résultat devient visible sur un affichage lumineux.
Le Z3 était équipé de 2600 relais et d'interrupteurs électromagnétiques qui en claquant et en cliquetant pouvaient réaliser environ vingt opérations simples par seconde, par exemple l'addition de deux chiffres. Le Z3 fut détruit par les bombes en 1944 à Berlin Kreuzberg, fut le premier automate de calcul du monde librement programmable et capable de fonctionner. Il fut utilisé pour le calcul des ailes d'avions. Une reproduction est exposée au Musée Fédéral de l'Allemagne à Munich (Deutsches Museum).
Après le Z3 il ne restait plus qu'un dernier pas à franchir pour en arriver à notre ordinateur moderne, le roi des automates.

LE TRIOMPHE DES CERVEAUX ÉLECTRONIQUES

Au sommet de son art la mécanique voit naître un ennemi puissant : le Zuse Z3 contient des relais magnétiques, mais l'électricité fait le travail. Les tubes à vide éliminent la mécanique, un grand ordinateur comme une maison en nécessite jusqu'à 50000. Mais eux aussi sont remplacés : l'ère de la microélectronique débute. Transistors et circuits intégrés sont partout, machines à café, caméras, automobiles et chauffage central, les techniques de programmation déterminent notre vie.

LES SERVANTS PROGRAMMÉS Avec un clin d´oeil, nous vivons 24 heures de notre vie quotidienne avec les descendants des automates d´antan – les omniprésents servants commandés par micro chip, qui devraient rendre notre vie plus agréable

LE RÊVE AU 21ÈME SIÈCLE Le rêve des automates est aujourd'hui encore toujours actuel. La recherche s'oriente vers l'invention de machines à compétences humaines. Pour qu'un jour il nous soit possible de disposer d'intelligence artificielle – les automates de demain, la recherche doit mettre tout en œuvre et un simple plan de travail ne suffira pas. Les machines du futur devront être capables d'agir de façon intelligente. Les chercheurs se concentrent tout d'abord sur une voie distrayante, sous la forme de jeux, avec des robots qui réussissent le test de fiabilité en tant que jeux. Le football est le meilleur terrain d'essai pour les robots mobiles et autonomes tels que le robot – chien japonais ou le robot footballeur du centre allemand de recherche *[Image 05]*.
Une capacité d'action intelligente présuppose une observation exacte, aussi bien sur le terrain de football que dans le domaine du travail. C'est pourquoi la technique d'automatisation « Organes de sens » sera de plus en plus importante. Les capteurs intelligents de SICK sont ainsi les précurseurs des techniques d'automatisation de demain.

L'Accord Parfait, Sammlung Jacobi

Skizze zu einem Bogenklavier von Leonardo da Vinci, ca.1490

Eine Scheibe der "Denkmaschine" des Raimundus Lullus, Ende 13. Jahrhundert.

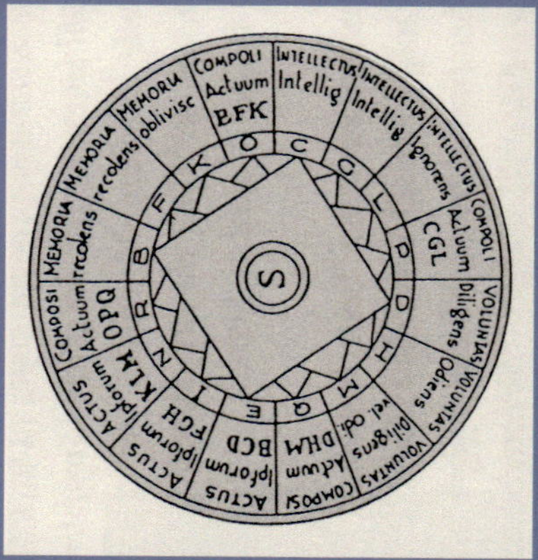

Gondel, ein automatisches Spielzeug, Ende 16. Jahrhundert

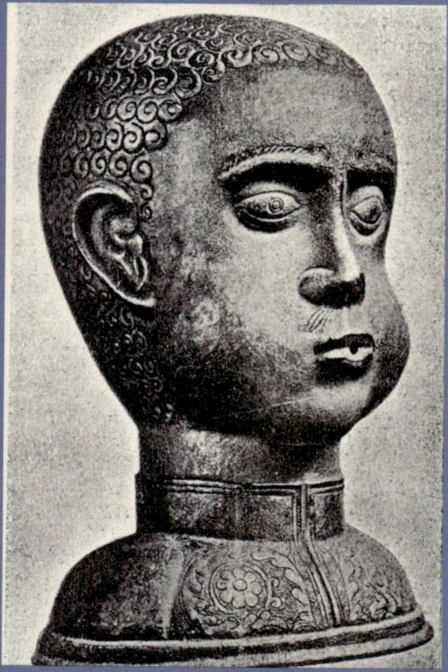

Püsterich aus dem Museum Correr (Venedig), 15. Jahrhundert

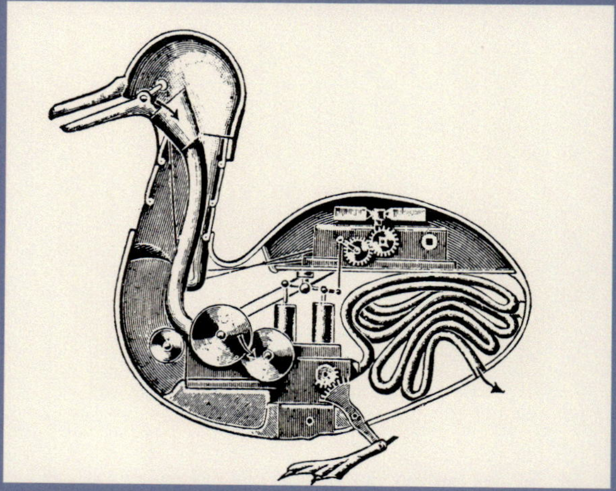

(oben) Schnitt durch die mechanische Ente von Vaucanson, um 1740

(rechts) Dampfrad zum Antrieb einer Stampfe, 1629

Automat, nach Fontana, um 1420

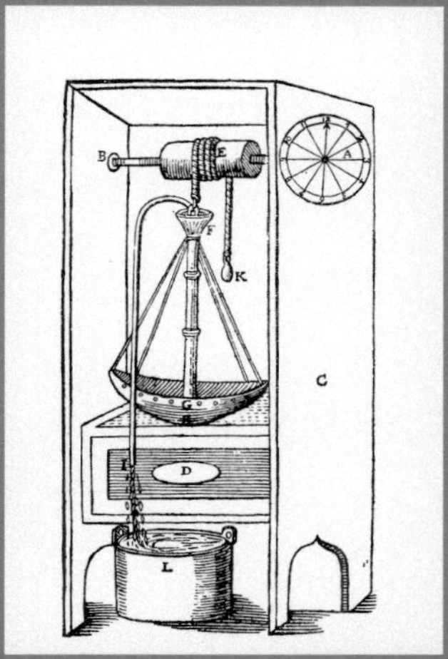

Künstliche Wasseruhr aus den "Erquickstunden" von Georg Philipp Harsdörffer, ca.1650

Äolsharfe, nach Harsdörffer, 1653

Reisewagen mit Wegmesser nach Capra, 1687

Athanasius Kircher: Orologium phantasticum, die singende Wasser- und Sonnenuhr, ca. 1650

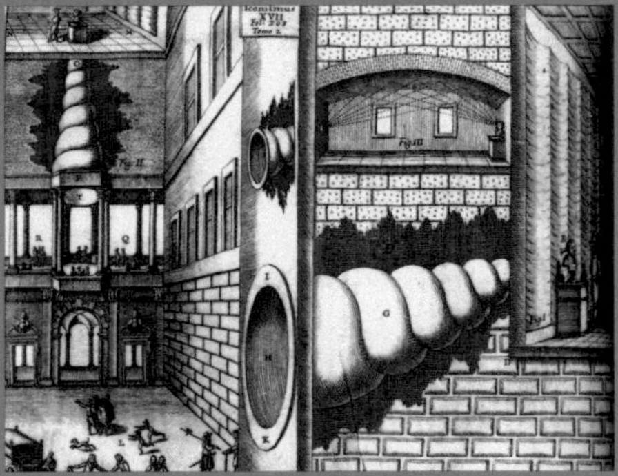

Athanasius Kircher: Das Spionageohr, ca. 1650

(links) Schriftprobe des Schreiberautomaten und Zeichnung des Zeichner-Automaten von Pierre Jaquet- Droz, 1760 und 1773.

(unten) Automat einer Musikantenfamilie, Jaquet- Droz, um 1780

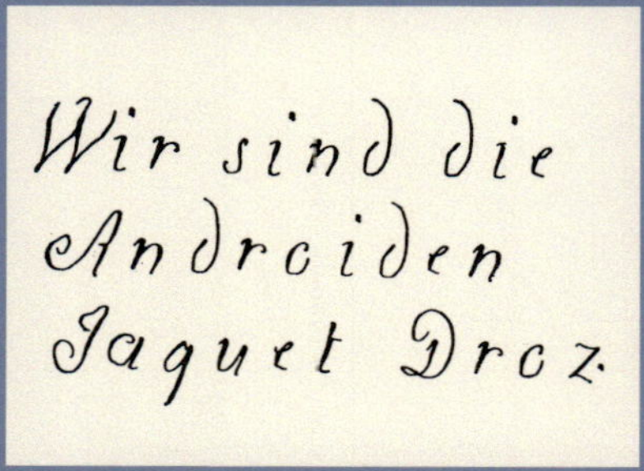

Laufmaschine

Der Clown, Blechspielzeug von Vielmetter, um 1910. Entsprechend der eingelegten Kurvenscheibe zeichnete er Napoleon, Ludwig XIV, Moltke oder Bismarck

(rechts) "The steam man"

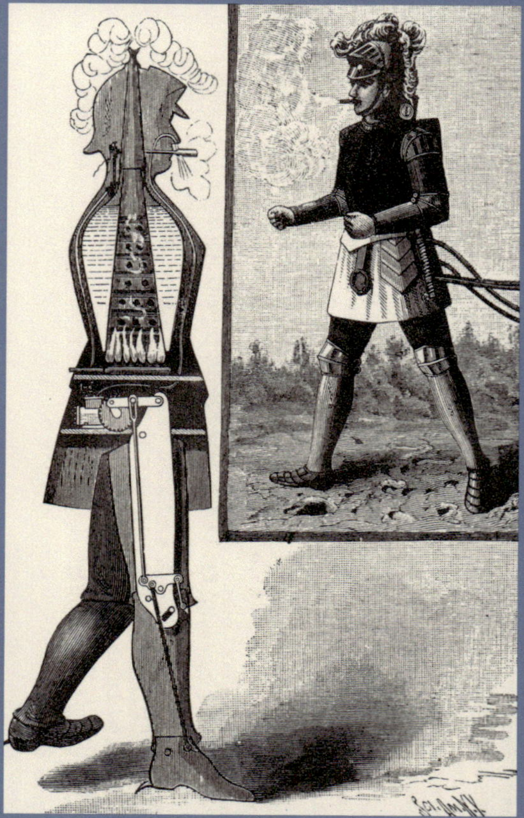

Machine de Theatre.
Aus der Encyclopédie Française
von Diderot und d'Alembert, 1752–1765

(unten) Aeolsball, nach Heron aus Alexandria,
Anfang des 2. Jahrhunderts

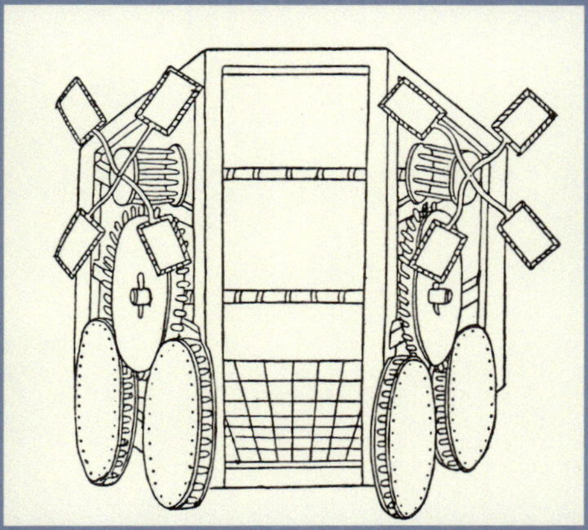

(oben) Dampf-Automobil

(rechts) Wagen mit Windrädern,
nach Valturio, 1472

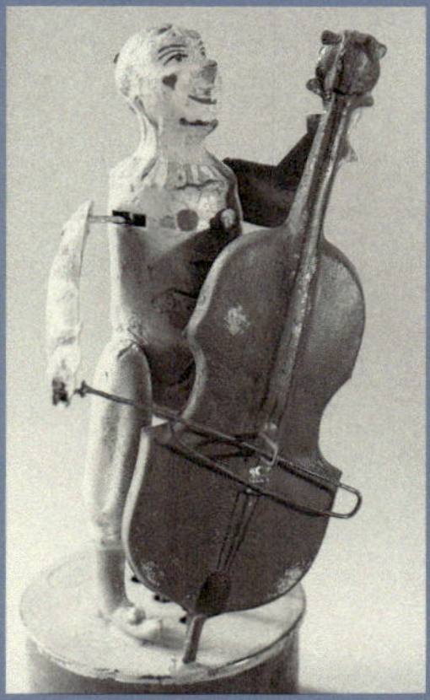

Frühes Blechspielzeug: Trommelnder Soldat, Kontrabass spielender Clown und 5-Tasten-Klavier mit Schellen-Spieler

Der Schachspiel-Automat des Barons
W. von Kempelen, bekannt als
der "Schachtürke", in dem
allerdings ein kleinwüchsiger Mensch
versteckt war, der die Züge ausführte.(1768)

Max Ernst, "Die unbefleckte Empfängnis", Collage aus "La Femme 100 Têtes", 1929

(unten) Crotti, Crepuscule mécanique, 1920

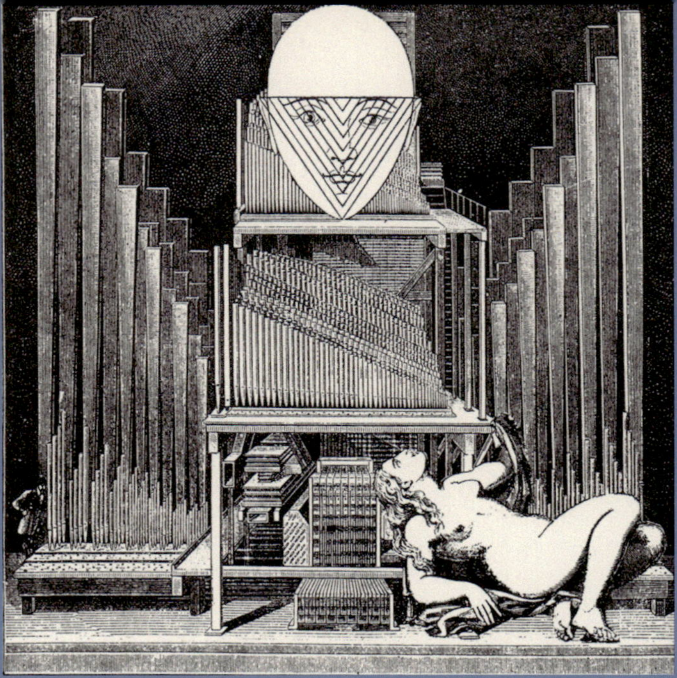

Olimpia, die mechanische Puppe aus dem "Sandmann" von E.T.A.Hoffmann. Radierung von Barbara Müller, 1973

Mickey Mouse hinter seiner Drehorgel, oben tanzt die kleine Minnie. Blechspielzeug aus den 1930er Jahren

Phantasie einer motorisierten Ballonfahrt, 19. Jahrhundert

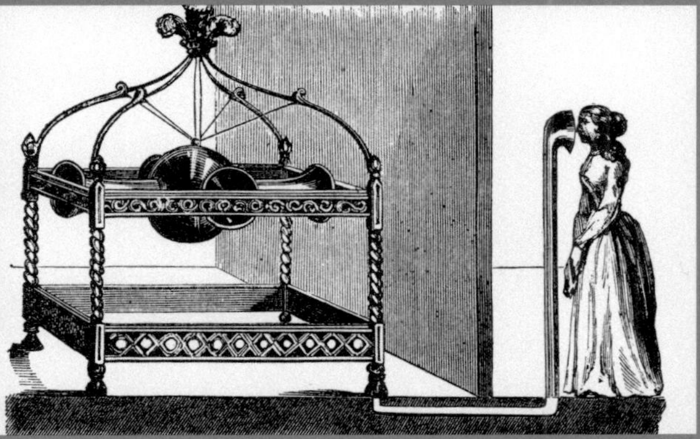

"The invisible Girl" beantwortete durch den eindrucksvollen Apparat die Fragen aus dem Publikum. England, ca. 1830

(darunter): Die "intonarumori" (Geräuschtöner) und ihr Erfinder Luigi Russolo mit seinem Freund Ugo Piatti

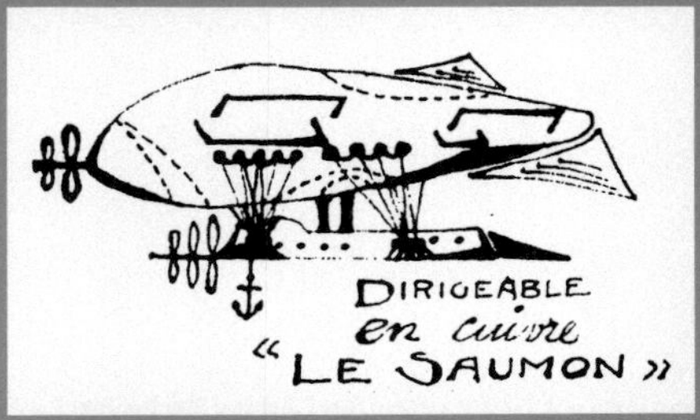

Lenkbar/aus Kupfer/"Der Salm", Flugobjekt von Erik Satie, Anfang des 20. Jahrhunderts

(links) Der Roboter: Er spricht, er raucht, er läuft

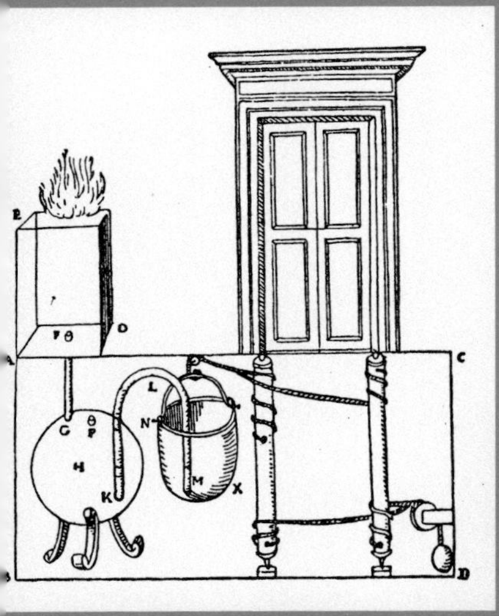

(oben) Wetterhaus, nach Leupold, 1726

(links) Warmluftapparat zum Öffnen von Türen. Nach Heron, um 110 n. Chr.

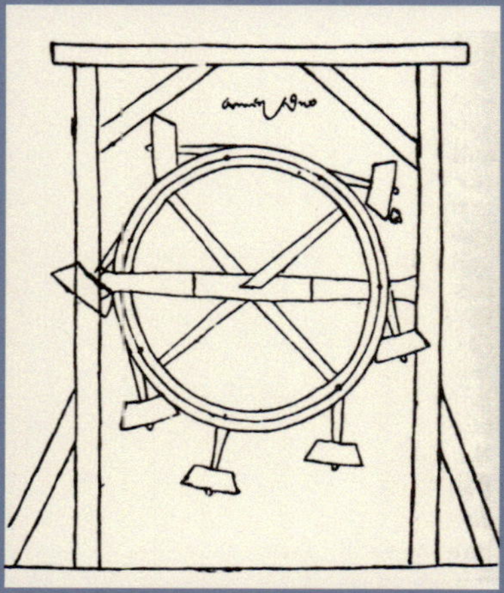

Perpetuum mobile von Villard de Honnecourt, um 1245

Raoul Haussmann: Der Geist unserer Zeit – Mechanischer Kopf, 1919

Entwurf eines Taucheranzugs von Leonardo da Vinci

George Grosz, Republikanische Automaten, 1920

Man Ray: Gegenstand der Zerstörung, 1932

(links) Francis Picabia: Ballet mécanique (Titelbild 391)

Erik Satie:
Das böse Orchester von Tjornderjoe:
7 Doppelflöten (Furcht)
4 Tumpanoni (Halluzinationen)
8 Akkordeons (Unterdrückung)
5 Kontrabässe (Ängste)

Hanna Höch: Mechanischer Garten, 1920

Fahr-Stuhl von Farffler, um 1685

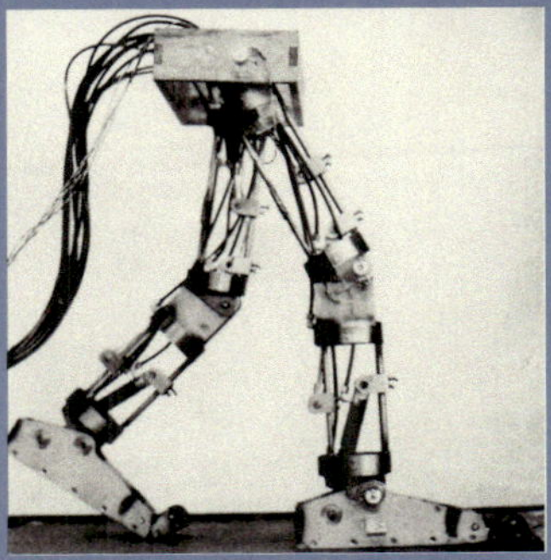

Taucherglocke, nach Kessler, 1616

Bild 11: Die wunderbare Puppe " La Charmante Catin" Das vornehme Publikum bestaunt einen kleinen laufenden Puppenautomat. Links im Bild ist der Schausteller mit Laterna Magica und Dreborgel zu sehen. Grafik von 1780 nach Cochin, Sammlung Jacobi

2 AUTOMATEN FÜR FEINE UND FÜR KLEINE LEUTE

Ganz Europa lässt sich im 18. und 19. Jahrhundert von immer ausgefeilteren Automaten faszinieren und Techniker wie Jacques Vaucanson machen glaubhaft, dass man Lebewesen feinmechanisch nachbauen kann.

Vaucanson beeindruckt 1738 die Akademie der Wissenschaften in Paris mit seinem ersten Automaten, dem berühmten Flötenspieler, der auf einer Querflöte mit federwerkgesteuerten Fingern 12 Melodien spielen kann. Dank dieser technischen Meisterleistung wird ihm die hohe Ehre zuteil, als Mitglied in die Académie Française aufgenommen zu werden. Mit der Präsentation seiner Automaten in den Metropolen Europas lässt sich viel Geld verdienen. Allein für die Besichtigung des Flötenspielers wird der Eintritt in Höhe des Wochenlohns einer Arbeiterin bezahlt und das mondäne Pariser Publikum steht dafür Schlange (*Söring/Sorg, S. 138*).

Die Gewinne aus dieser Schaustellerei investierte Vaucanson in seine weitere wissenschaftliche Arbeit und schließlich in die Entwicklung eines automatischen Webstuhls, der von einer mit Stiften besetzten Drehtrommel gesteuert wird. Der Weg vom Unterhaltungsautomaten zum Arbeitsautomaten war beschritten. Doch es blieb bei diesem viel bestaunten Prototyp, der seine Möglichkeiten nie in der Serienproduktion unter Beweis stellen konnte. Erst Jacquard konnte zu Beginn des 19. Jahrhunderts eine entsprechende Innovation durchsetzen – die Lochkarte zur Webstuhlsteuerung.

In der Nachfolge Vaucansons werden im Laufe des 18. und im frühen 19. Jahrhundert Automaten in Europa gebaut, die sprechen, Musik machen, zeichnen oder tanzen können. Automatenbauer wie Pierre Jaquet-Droz (1721-1790), Joseph Gallmayer (1717-1790), Wolfgang von Kempelen (1734-1804) oder Johann Nepomuk Mälzel (1772-1838) sind in aller

Bild 12: Die Präsentation von Herrn Kaufmanns Musikautomaten im Buckingham Palace, aus: The Illustrated London News, 5. Juli 1851; Sammlung Jacobi Friedrich Kaufmann, der zusammen mit seinen Söhnen 1851 auf einer Europatournee seine Musikautomaten vorstellte, wurde bei dieser Gelegenheit am Englischen Hof empfangen.

Munde. Die Automatenmenschen und Musikautomaten ermöglichen ihren Erbauern eine einträgliche Schaustellerei auf höchstem Niveau. Geschäftstüchtig nutzen sie die Sensationslust der Öffentlichkeit, präsentieren ihre technischen Wunderwerke in viel besuchten Kunstkabinetten oder gehen mit ihnen auf Tournee. Das Kunstkabinett von Müller-Deym fasziniert seit 1790 ganz Wien und auch die bildungshungrigen Reisenden lassen sich die Attraktion nicht entgehen. (*Simon, S. 76*)

Automaten sind eine willkommene Unterhaltung an den europäischen Höfen, ein Gesprächsthema in den Salons der gebildeten Bürger und faszinieren gleichermaßen die Künstler. Komponisten wie Haydn, Mozart und Beethoven schreiben nicht nur um des Geldes willen sondern auch aus Freude am Experiment Musikstücke eigens für mechanische Musikautomaten, welche die musikalischen Absichten der Künstler oftmals besser als mancher ausübende Musiker und mit gleich bleibender Präzision wiedergeben. Besonders bekannt sind Mozarts Kompositionen für Flöten-

Flötensekretär, S. J. Truska, Wien 1780, Der Musikautomat ist ein Beispiel der Saloninstrumente, die in Wien für eine musikbegeisterte und von den Automaten faszinierte Klientel der vornehmen Salons gebaut wurde. Auf der spiralförmig bestifteten Walze ist ein Auszug aus Mozarts "Don Giovanni" und die Ouvertüre zur "Diebischen Elster" in der Aufführung von Rossini gespeichert.

uhren. Beethoven komponierte für das „Panharmonikon" Johann Nepomuk Mälzels eigens das Werk „Wellingtons Sieg oder Die Schlacht bei Vittoria" op. 91. Selbst noch im 20 Jahrhundert faszinierten die beinahe grenzenlosen Möglichkeiten der mechanischen Musikinstrumente Komponisten wie Strawinsky und Hindemith bis hin zu dem Amerikaner Conlon Nancarrow, die Kompositionen schufen, welche von Hand nicht zu spielen waren.

Die Liebhaber kultivierter Musik schätzen die jederzeit spielbereiten mechanischen Kunstwerke, die zur Zierde eines kunstsinnigen Salons gereichen. Die wachsende Wertschätzung läßt die Spieluhrenindustrie und den mechanischen Musikwerkbau blühen.

Automaten werden jedoch nicht nur für eine kunstsinnige und zahlungskräftige Klientel gebaut. Ambulante Händler mit einer eher stillen Attraktion wie der Präsentation der Laterna Magica bedienen sich wohl schon seit der Mitte des 18. Jahrhunderts eines werbewirksamen, weithin hörbaren Musikkautomaten, der Straßendrehorgel. Bänkelsänger, die Text, Bild und Musik zu einem populären und zugkräftigen Gesamtkunstwerk der Straße vereinen um den Verkauf ihrer Billigdrucke und Quacksalberei zu befördern, entdecken die einfach gebaute Singorgel für ihre Zwecke.

In Reiseberichten aus dem 18. Jahrhundert wird deutlich, dass die Straßendrehorgeln, deren musikalische Attraktion auch von den neuesten Melodien bedeutender Komponisten bestimmt werden, mehr und mehr einen festen Platz im Bild der Großstädte wie London, Paris, Wien oder Hamburg erobern *(Zeraschi, S. 86)*.

Automaten sind nicht nur ein Gesprächsthema in den Salons sondern auch ein Motiv, das in der Literatur des ausgehenden 18. und 19. Jahrhunderts aufgegriffen wird. Neben der Faszination wird in Romanen und Erzählungen vor allem das Unbehagen angesichts der androiden Automaten geschildert. In Werken wie Jean Pauls „Titan", in E.T.A. Hoffmanns Erzählung „Der Sandmann" bis hin zu Christian Andersens Märchen von der Chinesischen Nachtigall *[Bild 13]* sind die Automaten nicht nur das viel bestaunte Kunstwerk eines Erfindergenies, sondern werden in ihrer Perfektion zu einer alptraumhaften Bedrohung für den Menschen.

Die literarischen Reflexionen auf den technischen Fortschritt können jedoch das große Interesse an den Unterhaltungsautomaten keineswegs schmälern und der Markt für Figuren- wie auch Musikautomaten wächst mit der Nachfrage aus dem wirtschaftlich erfolgreichen und an politischer Bedeutung erstarkten Bürgertum.

Bild 13: Singvogelautomat, Schwarzwald, 19. Jahrhundert, Elztalmuseum, Waldkirch. Der kleine Singvogel im Käfig wird mit einem Federaufzug in Bewegung gesetzt. Lebensecht bewegt sich der mit Federn geschmückte Vogel. Die Töne seines Gezwitschers werden von einer Kurvenscheibe gesteuert.

Schließlich werden seit Mitte des 19. Jahrhunderts sogar die viel bestaunten und technisch aufwendigen Unikate der Androiden des 18. Jahrhunderts von der Pariser Automatenindustrie in einer vereinfachten, schneller zu fertigenden Version als repräsentatives mechanisches Spielzeug für Erwachsene produziert. Dieses elegante Pariser Spielzeug war ein passendes Schmuckstück für den mit allerlei Künstlichkeiten überladenen Salon.

Vor allem die Orchestrien mit ihrem ausgezeichneten Musikrepertoire werden eine Zierde der bürgerlichen Salons . Die Attraktivität dieser Instrumente wissen jedoch auch Gasthäuser, Restaurants und Caféhäuser für sich zu nutzen.

Als Prunkstück eines Lokals zog das Orchestrion die Gäste magisch an. Ein Wunderwerk an Technik mit geschnitzter Fassade, farbigen Glastüren und sogar von innen beleuchtet, stand für ein neues technisches Zeitalter. Mit einem Groschen konnte es jedermann in Bewegung setzen und ihm die allerneuesten Klänge entlocken. Es machte das Lokal zu einem Anziehungspunkt und erhöhte den Umsatz. Die im Elztalmuseum ausgestellte "Automatische Capelle" stand ehemals in einem Gasthaus in Bleibach, das ein beliebtes Ausflugsziel auch für Städter war. So konnte Musik von Jacques Offenbach oder Richard Wagner auch fern der großen Opernhäuser in einem abgelegenen Schwarzwaldtal gekonnt zu Gehör gebracht werden. Doch auch in den Metropolen überboten sich die großen und erfolgreichen Restaurants gegenseitig mit den neuesten Orchestrien und gestalteten für ihr anspruchsvolles Publikum Menuefolgen mit der jeweils passenden Begleitmusik

Geschäftstüchtig zielte die Werbung der Firma Gebr. Weber aus Waldkirch im ausgehenden 19. Jahrhundert auf diesen Bedarf: „Die Originalität dieser sensationellen Musik-Automaten bedingt zweifelsohne eine sichere Rentabilität, weshalb die Aufstellung derselben in größeren und kleineren Etablissements nur empfohlen werden kann“.

Pierrot L'Écrivain, von Michel Bertrand, um 1980 nach Lambert, Paris 1875. Der Figurenautomat mit Musikwerk ist der Nachbau eines typischen Pariser Spielzeugs für Erwachsene der Firma Lambert von 1875. Michel Bertrand aus dem Jura schuf nach den überlieferten alten Formen und mit den originalen Werkzeugen der Firma eine mustergültige Kopie.

Ein wirtschaftlich interessantes Feld eröffnet sich der Musikautomatenindustrie in den explosionsartig wachsenden Großstädten der Gründerzeit mit den Volksgärten, Tanzparks, Varietepalästen und großen Messen und deren zunehmendem Bedarf an Attraktionen. In der industriell geprägten städtischen Gesellschaft entwickelt sich eine neue Freizeitzeitkultur für die „kleinen" Leute, die vom Rhythmus der wöchentlich gefüllten Lohntüte bestimmt wird. Die knapp bemessene Freizeit will intensiv genutzt werden als Entschädigung für die Mühsal des Alltags. Das Vergnügungsgewerbe, das früher dem Festkalender des Kirchenjahres folgte , reagiert rasch und erfolgreich auf die sich verändernden Bedürfnisse. Unterhaltungsstätten wie der Prater in Wien, das Tivoli in Kopenhagen, der Nymphenburger Volksgarten in München oder das Kreuzberger Tivoli und der Lunapark in Berlin expandieren ohne Konkurrenz und werden schnell zu Großunternehmen, deren finanzielle Ausstattung es erlaubt, reich gestaltete technische Einrichtungen zu realisieren.

Vor allem die Musikautomatenindustrie liefert die passenden Produkte, die es ermöglichen, jederzeit zum Tanz aufzuspielen oder Auszüge aus den neuesten Operetten einem großen Publikum fern der Opernhäuser zu Gehör zu bringen.

Karussell- und Schiffschaukelbesitzer suchten die Gunst des Publikums mit der attraktivsten Musik zu gewinnen. Die erfolgreichen Kirmes- und Konzertorgeln der Firma A. Ruth & Sohn aus Waldkirch sind dafür ein sprechendes Beispiel. Auch Limonaires Frères wirbt gezielt: „Auf Drängen von Inhabern von Tanzsälen, die sich über die Schwierigkeit beklagen, genügend Musiker für ein Orchester zusammen zu bekommen, haben wir speziell für Tanzveranstaltungen eine Serie von Walzenorgeln ... entwickelt, die es ermöglichen jederzeit ohne Vorkenntnisse zum Tanz aufzuspielen... ebenso zu empfehlen für Tanzsäle wie für Schlösser und im Salon oder im Freien ..."

Karussell mit Drehorgel, die, von Hand betrieben, in der Mitte des Fahrgeschäfts steht, Sammlung Jacobi.

Die Professionalisierung macht die Vergnügungsparks schnell gesellschaftsfähig. Nach der Jahrhundertwende sind sie ein Anziehungspunkt für alle Bevölkerungsschichten. Sie werden an den Sonntagen Treffpunkt der Arbeiterfamilien, der Angestellten aus dem Viertel, der Künstler und Studenten, die der häuslichen Enge entfliehen. Eltern und Kinder sitzen an Tischen, essen Kuchen, trinken Bier oder Wein, während die jungen Leute bis in den Abend tanzen. Die großen Orgeln und Orchestrien spielen im Wettstreit um die Gunst des Publikums. Gekonnt erklingen Melodien der neuesten Operetten, Polkas oder Wiener Walzer für jedermann ohne dass ein Dirigent am Pult stehen muss. Die Musikautomaten versprühen ein Feuerwerk aus Musik, Farben und Goldornamenten und versetzen zusammen mit dem Duft von karamellisiertem Zucker, Schokolade und gebrannten Nüssen die Besucher in Hochstimmung.

PATERFAMILIAS TRIES THE COLD WATER CURE IN A CASE OF ORGAN-GRINDING.

2 AUTOMATA FOR ALL KINDS OF PEOPLE

In the 18th and 19th centuries all of Europe was fascinated by ever more sophisticated automata, and engineers such as Jacques Vaucanson made believe that living things could be copied by means of fine mechanics.
In 1738 Vaucanson impressed the Academy of Sciences in Paris with his first automaton, the famous flute player, which could play 12 tunes on a transverse flute with spring-driven fingers. Thanks to this technical masterstroke the great honour of being accepted as a member of the Académie Française was bestowed upon him. The presentation of his automata in the big cities of Europe allowed him to make a lot of money. Entrance costs alone to view the flute player amounted to a female worker's weekly wages and the fashionable Paris public queued up for this. *(Söring/Sorg, p. 138)*
Vaucason invested the profits from these presentations in his continued scientific work and eventually in the development of an automatic loom which was driven by a rotary drum studded with pins. New ground had been broken on the path from the entertainment automaton to the work automaton. However, this much admired prototype was all that was produced and it never had the opportunity to prove its capabilities in series production. *[Fig. 11]*
Following Vaucanson, automata which were able to speak, make music, draw or dance were built in Europe in the 18th and early 19th centuries. Automata constructors such as Pierre Jaquet-Droz (1721-1790), Joseph Gallmayer, Wolfgang von Kempelen (1734-1804) or Johann Nepomuk Mälzel were on everyone's lips. The automata people and musical automata enabled their builders profitable presentations at the highest level. They cleverly took advantage of the public's craving for sensation, presented their technical miracles in much visited art cabinets or went on tour with them. The art gallery of Müller-Deym had fascinated all of Vienna since 1890, and travellers who were hungry for education never missed this attraction. *(Simon, p. 76) [Fig. 12]*
Automata provided welcome entertainment at European courts, a topic for conversation in the drawing rooms of the educated bourgeois, whilst at the same time they fascinated artists. It was not just for the sake of money, but also for the joy of experimenting, that composers such as Haydn, Mozart and Beethoven wrote compositions specially for mechanical musical automata, which were often better able to render the artists' intentions than many a musician and what is more with uniform precision.
Cultured music lovers appreciated these mechanical works of art which were always ready to play and the adornment of any artistic drawing room. The growing appreciation caused the musical box industry and the construction of mechanical musical mechanisms to thrive.
However, automata were not only built for solvent clients who appreciated art. It was probably already since the middle of the 18th century that peddlers with a quieter attraction such as the presentation of the 'Laterna Magica' had been availing themselves of a musical automat that could be heard over a long distance, the mechanical street organ.
Travel stories from the 18th century show that mechanical street organs whose musical attraction was determined by the latest tunes written by important composers became ever more firmly established in the scenery of cities like London, Paris, Vienna or Hamburg. (Zeraschi,86)
Automata were not only a topic for conversation in the drawing rooms, they were also a subject which was taken up in the literature of the late 18th and 19th centuries.

STREET-PERFORMERS ON STILTS.

[From a Sketch.]

Besides fascination, the uneasiness about android automata is one of the main themes that is described in novels and tales. In works like Jean Paul's "Titan", E.T.A. Hoffmann's tale "The Sandman" and Christian Andersen's tale of the Chinese nightingale automata *[Fig. 13]* are not only the much admired work of art by an ingenious inventor, but in their perfection become a nightmarish threat to humankind.

However, literary reflections on technical progress could not by any means diminish the great interest in entertainment automata, and the market for both figure and musical automata grew with the demand from the economically successful bourgeoisie that had gained in political importance. Finally from the middle of the 19th century even the much admired and technically intricate unique specimen of the androids from the 18th century were produced by the Parisian automaton industry as a representative mechanical toy for adults in a simplified version that could be manufactured more rapidly. This elegant Parisian toy was a suitable adornment for the drawing room which was overcharged with all kinds of artefacts.

A commercially interesting field opened up for the automata industry with people's gardens, dance parks, variety palaces and large trade fairs and their increasing demand for attractions in the explosively growing big cities of the late 19th century. A new leisure culture, which was determined by the rhythm of the weekly payment of wages, developed in the urban industrial society.

In particular the musical automata industry delivered suitable products that allowed playing for a dance at all times or presenting extracts from the latest operas to a large audience far from the opera houses. Carousel and swing boat owners sought to win over the favour of the public with the most attractive music.

The successful fair and concert organs from A. Ruth & Sohn from Waldkirch are a telling example of this.

In the late 19th century the advertising of Gebr. Weber from Waldkirch was also cleverly aimed at these demands: *"The originality of these sensational musical automata will, without a doubt, certainly make them profitable, which is why their installation in larger or smaller establishments can only be recommended."*

2

DES AUTOMATES POUR TOUT PUBLIC

Au 18ème et 19ème siècle toute l'Europe est fascinée par les automates de plus en plus sophistiqués, et par ces techniciens, à l'instar de Jacques Vaucanson, qui laissent à penser qu'il est possible de copier mécaniquement et de façon très précise le vivant.

En 1738 Vaucanson impressionne l'Académie des Sciences de Paris avec son premier automate, le célèbre joueur de flûte. Celui-ci peut grâce à ses doigts montés sur ressort interpréter 12 mélodies sur sa flûte traversière. Cette performance technique lui a valu l'honneur de devenir membre de l'Académie Française. L'exposition de son automate dans les métropoles européennes engendra de grosses recettes. La simple visite du joueur de flûte correspondait au revenu hebdomadaire d'une employée et le public mondain parisien se pressait pour l'admirer. Vaucanson réinvestit les sommes récoltées dans la poursuite de son travail scientifique et finalement dans la mise au point d'un métier à tisser automatique piloté par un cylindre tournant à lames d'acier. Le passage des automates de divertissement aux automates d'usine venait d'être franchi. Pourtant ce prototype appartient encore à la catégorie des automates de divertissement puisqu'il n'y avait aucune possibilité de le reproduire en série.

Dans la lignée de Vaucanson des automates qui peuvent parler, jouer de la musique, dessiner ou danser sont mis au point. Les noms de nombreux constructeurs comme Pierre Jaquet-Droz (1721–1790), Joseph Gallmayer, Wolfang von Kempelen (1734–1790) ou Johann Nepomuk Mälzel sont dans toutes les bouches. Grâce aux automates humains et boîtes à musique les inventeurs bénéficient d'une publicité de haut niveau. Les opportunistes profitent de l'effet de sensation, présentent leurs miracles techniques dans les galeries d'art fréquentées et partent souvent en tournée. *[Image 11]* La galerie d'art de Müller-Deym fascine depuis 1790 le tout Vienne, même les avides de culture ne se laissent pas détourner de cette attraction (Simon, p. 76).

Les automates sont au centre de discussions très appréciées dans les Cours européennes, ils sont un sujet de conversation des salons de bourgeois cultivés et fascinent également les artistes. Des compositeurs comme Haydn, Mozart et Beethoven n'écrivent pas seulement pour l'argent mais aussi du fait de leur joie devant les expérimentations provenant des boîtes à musique. D'un point de vue musical, ces automates rendent souvent mieux et de façon plus précise les musiques jouées.

Les amoureux de musique considèrent comme des trésors ces œuvres toujours prêtes à jouer et qui servent d'ornement à leurs salons au goût certain. La valeur toujours montante des automates fait prospérer l'industrie horlogère et des boîtes à musique. *[Image 12]*

Les automates ne sont pas seulement créés pour une clientèle aux goûts artistiques très avisés et à fort pouvoir d'achat. Avec une attraction plus discrète telle que la lanterne magique, les marchands ambulants en ont déjà un usage très remarqué. En effet, ils utilisent depuis la moitié du 18ème siècle une boîte à musique au son agréable: l'orgue de barbarie.

Les carnets de voyage du 18ème siècle montrent clairement que les orgues de barbarie, dont l'attraction musicale détermine très vraisemblablement les nouvelles mélodies des plus grands compositeurs, font de plus en plus partie du paysage de grandes villes comme Londres, Paris, Vienne ou Hambourg.

Les automates ne sont pas seulement un sujet de conversation dans les salons mais aussi un thème repris dans la littérature du 18ème et 19ème siècle.

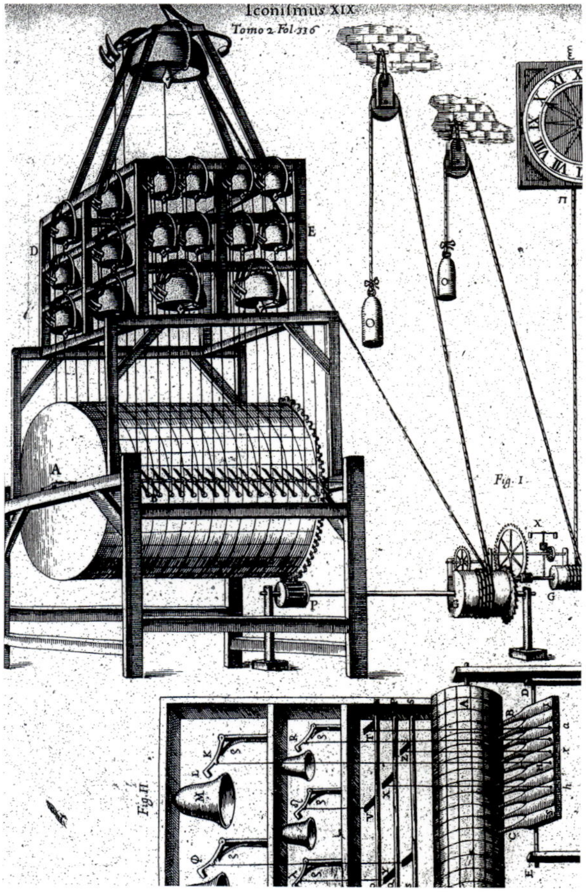

Parallèlement à la fascination qu'ils suscitent, le malaise provenant de ces androïdes se retrouve aussi dans les romans et nouvelles. Dans les œuvres de Jean Paul « Titans », dans des nouvelles E.T.A. de Hoffman « Le marchand de sable » et jusqu'au conte de Christian Andersen sur le rossignol chinois *[Image 13]*, les automates ne sont pas seulement cette œuvre admirée d'un génie mais aussi du fait de leur perfection, une menace cauchemardesque pour l'humanité.

Ces réflexions littéraires sur le progrès technique ne réduisent cependant pas le grand intérêt porté aux automates de divertissement. Le marché des figurines et des boîtes à musique croît du fait de la demande provenant de la bourgeoise caractérisée par sa réussite économique et son influence politique toujours croissante.

Finalement à partir du $19^{\text{ème}}$ siècle même les pièces uniques des androïdes du $18^{\text{ème}}$ siècle de l'industrie automatique parisienne, admirés et d'un énorme luxe technique, sont produits en une version simplifiée et rapide à construire: jouet mécanique représentatif pour adultes. Cet élégant jouet parisien devient un ornement pour tout salon surchargé d'objets superficiels.

Du fait de la forte explosion démographique, caractéristique des débuts de l'urbanisation, un champ économique important s'est ouvert à l'industrie des automates avec les jardins populaires, les parcs dansants, les palais de variété et les grands salons, et leur besoin toujours croissant d'attractions. Dans les sociétés urbaines marquées par l'industrialisation se développe une nouvelle culture des loisirs, réglée sur la paie hebdomadaire.

L'industrie des boîtes à musique propose plus particulièrement des produits qui permettent à tout moment de danser sur de la musique ou permettent la diffusion d'extraits de nouvelles opérettes à un large public, et ce en dehors des théâtres et opéras. Les propriétaires de carrousels et de nacelles cherchent à s'attirer les faveurs de la clientèle par le biais de la musique.

Les kermesses et concerts d'orgues de l'entreprise A. Ruth & Fils de Waldkirch en sont un parfait exemple. Un accroissement de la clientèle est également visé par les publicités de l'entreprise des Frères Weber de Waldkirch au $19^{\text{ème}}$ siècle ; le slogan est alors celui-ci: *«L'originalité de cette sensationnelle boîte à musique amorce sans conteste une rentabilité certaine, c'est pourquoi son implantation dans les petits et grands établissements ne peut être que recommandée.»*

"Der Roland von Berlin"
Die Preußische Muse küsst
Leoncavallo auf die Stirn
Zeichnung von Th. Th. Heine

Erste Seite aus der ältesten Handschrift des Ignaz Blasius Bruder, Elztalmuseum

3 DIE FINDIGEN SCHWARZWÄLDER

Die Schwarzwälder waren keine Genies oder großen Erfinder, sondern Menschen, die bei denkbar schlechter Ausgangslage – bildungsmäßig, wirtschaftlich aber auch geographisch gesehen – geschickt die sich bietenden Chancen und Informationsquellen genutzt und diese mit den ihnen zur Verfügung stehenden beschränkten Mitteln und dem reichlich vorhandenen Holz umgesetzt und weiterentwickelt haben.

Die Kuckucksuhr steht für diese Begabung, steht für eine Schwarzwälder Erfolgsgeschichte, mit der sich im 19. Jahrhundert rasant entwickelnden Uhrenindustrie auf der einen Seite und der Musikwerkindustrie auf der anderen.

Seit etwa 1720 werden im Schwarzwald Uhren in größerem Stil gefertigt. In den Anfängen nutzen die Schwarzwälder, vor allem Holz verarbeitende Handwerker, die bereits andernorts vorhandenen Techniken und Erfahrungen und entwickeln daraus Holzuhren. Die Mönche in den umliegenden Klöstern St. Peter und St. Märgen werden ihre Ratgeber.

Die Uhren werden zunächst als Hausgewerbe meist in den Wohnstuben der Uhrmacher gefertigt, zunächst als Beschäftigung an langen Winterabenden, wo es im Haus und auf dem Acker kaum etwas zu tun gibt. Bald wird dann die karge Landwirtschaft nur noch im Nebenerwerb weitergeführt. Schon vor 1750 entsteht eine zunehmende Arbeitsteilung. Benötigt anfangs ein Uhrmacher für eine einfache Uhr eine Woche, so stellt um 1850 ein Meister zusammen mit Geselle und Lehrling in einer Woche bereits 18 Uhren her. Diese Steigerung der Produktion verlangt allerdings nach einem guten Absatzmarkt. Wegen der ungünstigen Verkehrslage, weitab von den großen Märkten in den Metropolen, entwickelt sich ein Vertriebssystem, das von der Produktion organisatorisch getrennt ist.

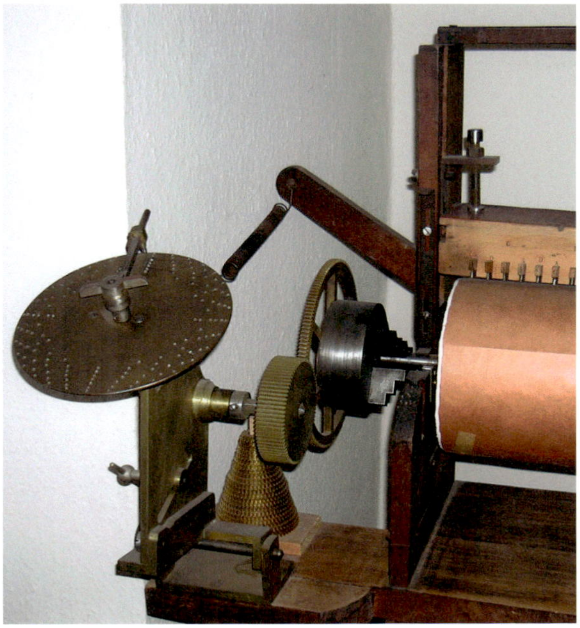

Zeichenstuhl für Walzen, Musikzeichnerei, Elztalmuseum

Packer und Spediteure kaufen die Uhren bei den Kleingewerblern auf und liefern sie an ambulante Händler, die ihrerseits neue Märkte erschließen. Sie sind so erfolgreich, dass zwischen 1800 und 1850 nahezu 15 Millionen Uhren aus dem Schwarzwald in ganz Europa verkauft werden. Das ist ein Drittel aller in Europa gefertigten Uhren. Die einfach konstruierten und aus Holz kostengünstig produzierten zuverlässigen und robusten Uhren aus dem Schwarzwald werden zu einem Verkaufsschlager in der ganzen Welt. Mit den Schwarzwälder Produkten werden erstmals auf dem internationalen Markt Uhren auch für Bauern, Kleinbürger und Arbeiter erschwinglich.

Dank der großen Nachfrage entstehen Mitte des 19. Jahrhunderts in Lenzkirch und Neustadt die ersten Uhrenfabriken und die hausgewerbliche Produktion wird zurückgedrängt. Bis 1880 setzt sich im Schwarzwald dann die industrielle Uhrenproduktion endgültig durch.

Uhrenmännle, Schwarzwald, 19. Jahrhundert, Elztalmuseum, Waldkirch

UHREN UND AUTOMATEN Der Traum von wundersam bewegten und geheimnisvoll klingenden Automatenuhren dringt bis in den Schwarzwald vor und regt die Phantasie manch findigen Tüftlers an. Schon früh beginnen einige wenige technisch versierte Uhrmacher, Zusatzfunktionen wie Musikwerke oder Figurenautomaten in die Uhren einzubauen. Bei den einfachsten Automatenuhren, im Schwarzwald „Männle-Uhren" genannt, bewegen sich Figuren entweder zum Stundenschlag oder mit jedem Pendelschwung. Zur erfolgreichsten Automatenuhr wird die Kuckucksuhr, die zwischen 1730 und 1750 im Schwarzwald entsteht. Der Ruf des Kuckucks wird mittels eines einfachen Musikwerks mit zwei Pfeifen erzeugt. Im Lauf des 18. Jahrhunderts wird das Musikwerk vermutlich unter dem Einfluss französischer Vorbilder immer größer und differenzierter gebaut. Die Spieluhrmacherei wird zu einem eigenständigen Metier.

Die ersten Musikuhren mit einfachen Melodien haben Glockenspiele aus Glas, später aus Metall. Mit der Verfeinerung der Technik werden Hackbrett- oder Harfenuhren gebaut. Schließlich werden Flötenuhren gefertigt, die einen besseren Klang erzielen und auch für aufwändigere Melodien geeignet sind. Zwischen 1770 und 1850 entstehen Flötenuhren, die mit ihrem reichen Musikrepertoire zum Verkaufsschlager werden. Musikuhren zu bauen gelingt jedoch nur wenigen besonders befähigten Meistern mit überdurchschnittlicher Musikalität, wie z. B. Ignaz Bruder, der damit seinen wirtschaftlichen Erfolg begründet.

Im Schwarzwald gab es um 1843 bereits 920 Uhrmacher, davon waren aber nur 28 Spieluhrmacher (*Bender, S. 446*).

Da die Fertigung von Musikuhren sehr aufwändig ist, liegt der Preis im Vergleich zu einer einfachen Schwarzwalduhr sehr hoch. So kostet 1838 eine hölzerne 12-Stunden-Uhr nur 1 Gulden, eine Flötenuhr mit 22 Tönen und 8 Musikstücken hingegen 42 Gulden. Der Wochenlohn eines Uhrmachergesellen beträgt im gleichen Zeitraum nur 1 Gulden 20 Kreuzer. (*Kahlert, S. 22, 65*)

Bild links: Werkstatt eines Flötenuhrmachers um 1805, Zeichnung von C. Meichelt, 1825
Bild rechts: Flötenuhr, nach 1804, Ignaz Bruder, Elztalmuseum

Im Bestreben, das Musikwerk in seiner musikalischen Leistung zu verbessern, verzichtet man im Weiteren auf das Uhrwerk und es werden Dreh-Flötenwerke gebaut. Der mechanische Musikwerkbau verselbstständigt sich. Ignaz Bruder, der als erster im Schwarzwald mit der Herstellung von Drehorgeln beginnt, legt die Basis für das erste größere Fabrikationszentrum zum Bau von Drehorgeln aller Art. Mit Martin Blessing, der 1831 sein erstes Orchestrion baut, wird dann auch der Orchestrionbau im Schwarzwald heimisch.

SOMNAMBULE
A LA LIRE AMUZANTE
CHANCONS NOUVAILLES
THEATRE

3 THE CLEVER BLACK FORESTERS

The clever Black Foresters were no geniuses or big inventors, but people who - in spite of a conceivably bad initial position as seen from an educational, economic and geographical point of view - cleverly took advantage of opportunities and sources of information that presented themselves and who transformed and developed these further using the limited means at their disposal and the plentiful resources of wood. The cuckoo clock stands for this cleverness, it stands for a Black Forest success story with the rapidly developing clock industry of the 19th century on the one hand and the musical mechanism industry on the other.

Clocks have been built in the Black Forest at a larger scale since around 1720. Initially Black Foresters used the techniques and experiences that had been gained elsewhere and developed wooden clocks using these. The monks from the surrounding monasteries of St Peter and St Märgen became their advisers.

Initially clock making was predominantly a home industry as the clocks were mostly manufactured in the clockmakers' living rooms. Agriculture was carried on as a sideline. Already before 1750 there had been an increasing division of labour. Initially a clockmaker needed one week to complete a simple clock, but around 1850 one master with an assistant and apprentice already manufactured 18 clocks in one week. This increase in production, however, required a good sales market. Due to the unfavourable location far away from the large markets in the big cities a distribution system developed, in which production and distribution are separated. Packers and forwarders bought the clocks from the small businessmen and delivered them to peddlers who developed their own new markets. They were so successful that around 15 million clocks from the Black Forest were sold all over Europe between 1800 and 1850. That is one third of all clocks that were manufactured in Europe. The reliable and robust clocks from the Black Forest which had a simple design and were made inexpensively from wood became a bestseller all over the world. The Black Forest products were the first clocks on the international market to become affordable for peasants, petty bourgeois and workers.

On account of the big demand the first clock factories appeared in Lenzkirch and Neustadt in the middle of the 19th century and the home production was replaced. By 1880 industrial clock production had finally won through in the Black Forest.

AUTOMATON CLOCKS The dream of miraculously driven and mysteriously sounding automaton clocks reached the Black Forest and inspired the imagination of many a clever modeller.

At an early junction a few technically skilled clockmakers started to integrate additional functions into the clocks, such as musical mechanisms or figure automata. The simplest automaton clocks, which are known as "Männleuhren" (figure clocks) in the Black Forest, are clocks with figures that move either at the strike of an hour or with each swing of the pendulum.

The cuckoo clock, which appeared between 1730 and 1750 in the Black Forest, became the most successful automaton clock. The call of the cuckoo was generated by a simple musical mechanism with two pipes. In the course of the 18th century the musical mechanism became larger and more

complex, presumably under the influence of French models. The construction of musical boxes became a separate trade. The first musical clocks used glass and later metal glockenspiels for simple tunes. The refinement of the technique led to the construction of dulcimer or harp clocks. Finally flute clocks were built. These achieved a better sound and were even suited for more complex tunes. Between 1770 and 1850 flute clocks appeared that became a bestseller with their broad musical repertoire. However, only a few capable masters with surpassing musicality, such as Ignaz Bruder, whose economic success was based on this, succeeded in building musical clocks.

Although around 1843 there were already 920 clockmakers in the Black Forest, only 28 of these built musical boxes. *(Bender, p. 446)*

As the manufacture of musical clocks was very expensive, the price was very high compared to a simple Black Forest clock. Thus, in 1838 a wooden 12-hour clock cost only 1 florin, a flute clock with 22 tones and 8 pieces of music however 42 florins. The weekly wages of a clockmaker's assistant was only 1 florin and 20 kreuzers at that time. *(Kahlert, p.22,65)*

In an effort to improve the musical performance of the musical mechanism the clockwork was subsequently abandoned and rotary fluteworks were built. The construction of mechanical musical mechanisms became a separate trade. Ignaz Bruder, who was the first to start manufacturing barrel organs in the Black Forest, laid the foundation for the first important manufacturing centre for building barrel organs of all kinds. And when in 1831 Martin Blessing built his first orchestrion, the construction of orchestrions became a well-established trade in the Black Forest.

3 DES HABITANTS DE LA FORET NOIRE ASTUCIEUX

Les astucieux habitants de la Forêt Noire n'étaient pas des génies ou de grands inventeurs, mais simplement des hommes qui au vu d'une mauvaise situation initiale au niveau éducatif, économique mais aussi géographique, ont su utiliser les chances et sources d'information offertes, les ressources limitées mises à leur disposition et l'abondant bois disponible, et les ont développées.

Le coucou tient de cet esprit futé et d'une histoire de la Forêt Noire remplie de succès, avec d'un coté le développement de l'industrie horlogère au 19ème siècle, et de l'autre coté l'industrie des instruments de musique mécanique.

Depuis 1720 environ, des montres d'un grand style sont fabriquées dans la Forêt Noire. Au début, les habitants de la Forêt Noire, et en particulier les artisans qui travaillent avec le bois, utilisent des techniques et compétences déjà existantes ailleurs, et développent à partir d'elles des montres en bois. Ils trouveront leurs conseillers chez les moines des cloîtres environnants : Saint-Pierre et Saint-Märgen.

Les montres sont tout d'abord fabriquées comme activité privée dans le salon de l'horloger. L'agriculture sera poursuivie comme gagne-pain. La division du travail est déjà de plus en plus utilisée avant 1750. Au début un horloger a besoin d'une semaine pour une simple montre, un maître fabrique ainsi avec ses ouvriers qualifiés et apprentis en une semaine 18 montres. Cette augmentation de la production exige cependant de grands débouchés. Du fait d'une situation géographique défavorable, car à l'écart des grandes métropoles, un système de distribution séparant la production de la vente se développe.

Emballeurs et transporteurs achètent les montres chez les petits commerçants, et les livrent à des marchants ambulants qui créent de leur coté de nouveaux marchés. Ils ont tellement de succès qu'entre 1800 et 1850 environ 15 millions de montres de la Foret Noire sont vendues dans toute l'Europe, soit un tiers des montres fabriquées en Europe. Ces montres de la Forêt Noire construites facilement, en bois, à faible coût de revient, fiables, et robustes connaissent un succès commercial dans le monde entier. Avec les produits de la Forêt Noire, des montres sont accessibles pour la première fois sur le marché international pour paysans, petits bourgeois et employés.

Grâce à la forte demande, les premières usines horlogères sont créées au milieu du 19ème siècle à Lenzkirch et Neustadt, et la production privée est abandonnée. La production horlogère industrielle s'impose définitivement en Forêt Noire à partir de 1880.

LES MONTRES AUTOMATIQUES. Le rêve des montres automatiques animées de manière étrange et au son mystérieux parvient jusqu'à la Forêt Noire et stimule la fantaisie des bricoleurs.

Très vite quelques horlogers techniquement plus spécialisés ajoutent des options aux montres : instruments de musique mécaniques ou figurines animées. Les figurines des montres les plus simples, appelées en Forêt Noire « montre d'homme » s'animent soit toutes les heures, soit à chaque mouvement de pendule.

Le coucou, montre automatique la plus répandue, est créé entre 1730 et 1750 en Forêt Noire. Le chant du coucou est actionné par un instrument de musique mécanique des plus simples à deux fifres. Courant 18ème siècle, les instruments mécaniques se diversifient et deviennent de plus en plus grands, vraisemblablement sous l'influence des modèles français. La fabrication de montres musicales devient un métier à part entière.

Les pendules musicales ont tout d'abord des cloches en verre, puis en métal pour les mélodies les plus simples. L'amélioration de la technique permet la construction de tympanons et de montres à harpe.

Finalement, les horlogers mettent au point des horloges à flûte qui permettent un meilleur son et des mélodies plus recherchées. Entre 1770 et 1850 apparaissent des horloges qui vont connaître un succès commercial grâce à leur riche répertoire musical. La fabrication de montres musicales incombe donc à quelques maîtres particulièrement qualifiés, dotés d'une grande musicalité, tel Ignaz Bruder, assurant ainsi leur succès économique.

La Forêt Noire comptait vers 1843 déjà 920 horlogers, dont 28 seulement étaient fabricants de montres musicales. *(Bender, p. 446)*

Du fait du coût de fabrication des horloges musicales, leur prix est bien plus élevé que celui des simples montres de la Forêt Noire. Ainsi une montre en bois coûte en 1838 seulement un florin, une horloge à flûte à 22 tons et 8 morceaux de musique coûte, elle, 42 florins. Le salaire hebdomadaire d'un ouvrier qualifié en horlogerie correspond à 1 florin et 20 centimes. *(Kahlert, p. 22,65)*

L'industrie horlogère renonce finalement à s'efforcer d'améliorer les performances musicales de la boîte à musique pour se consacrer à l'industrie des pendules à mouvement à orgue sans chronomètre. La fabrication jusqu´ici mécanique des instruments de musique s'automatise. Ignaz Bruder, pionnier de la construction d'orgues de barbarie en Forêt Noire, pose les bases du premier grand atelier de facturation d'orgues de barbarie de toute sorte. Martin Blessing, qui a créé son premier orchestrion en 1831, a tout établi en Forêt Noire la construction d'orchestrions.

…TRETER IN LÜBECK — BERLIN — DRESDEN.

GOLDENE MEDAILLE PARIS 1900. — GOLDENE MEDAILLE ST. LOUIS 1904.
EHREN-DIPLOM LÜTTICH 1905.
ERSTER PREIS LÜTTICH 1905. — ERSTER PREIS MAILAND 1906.
WELTAUSSTELLUNG BRÜSSEL 1910 — AUSSER WETTBEWERB — MITGLIED DES PREISRICHTER-KOLLEGIUMS.
„ALLERHÖCHSTE AUSZEICHNUNG".
FACHAUSSTELLUNG BERLIN 1911 EHRENPREIS.

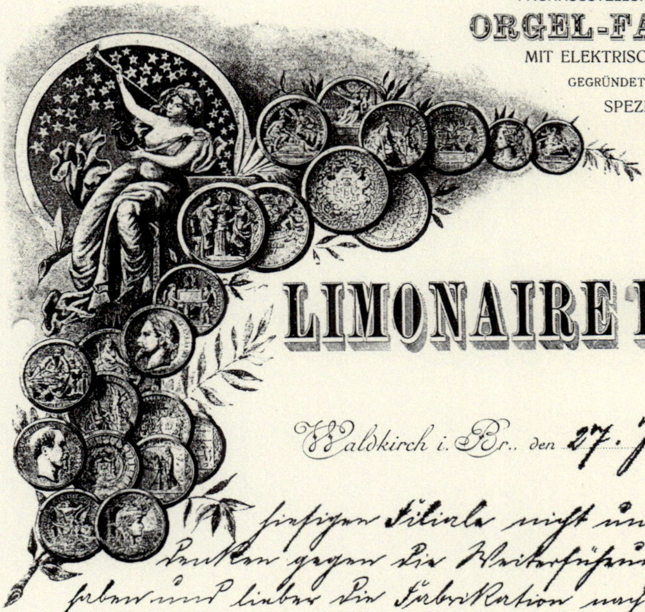

ORGEL-FABRIK
MIT ELEKTRISCHEM BETRIEB.
GEGRÜNDET 1840.
SPEZIALITÄT:
NOTEN-BLÄTTER —
— ORGELN OHNE
CLAVIS (STIFTE)
(PNEUMAT. MECHANIK)

LIMONAIRE FRÈRES

Waldkirch i. Br., den 27. Januar 1914.

hiesigen Filiale nicht unberechtigte Bedenken gegen die Weiterführung geäußert haben und lieber die Fabrikation nach Paris verlegen wollen.

Vor allem aber wollen Sie gütigst berücksichtigen, daß wir seit Oktober an im letzten Quartal fälligen Steuern einschließlich der geforderten Nachträge ausweislich unseres Kassenbuches allein schon den Betrag von M 1104.04 haben entrichten müssen und leuchtet es wohl ohne weiteres ein, daß diese Abgaben an sich schon in gar keinem Verhältnis zu den erzielten Resultaten stehen können, von den sonstigen sozialen Lasten, die ohnehin einem Fabrikbetriebe stärker anhaften

EINGETRAGENE SCHUTZMARKE
GEGRÜNDET 1806
Wilhelm Bruder Söhne, Waldkirch
Fabrik für Dreh-Orgeln und pneumatischen Musikwerken

4 DIE ORGELBAUTRADITION IN WALDKIRCH

Die Geschichte des Waldkircher Musikwerkbaus beginnt mit dem Kirchenorgelbauer Mathias Martin aus Ettenheimmünster, einem Vertreter der Silbermannschen Orgelbauschule. 1799 verlegte er seinen Betrieb nach Waldkirch und legte so den Grundstein zu einer mehr als 200jährigen Tradition in der Stadt am Kandel.

Die herausragende Persönlichkeit und treibende Kraft in dieser erfolgreichen Geschichte ist jedoch Ignaz Blasius Bruder, der in seinen Anfängen zeitweilig Mitarbeiter von Mathias Martin war. Ignaz Bruder ist der Begründer der später weltbekannten mechanischen Musikwerkfabrikation in Waldkirch. Schon bevor er sich 1834 mit vier seiner fünf Söhne in Waldkirch niederlässt, kann er auf eine gut gehende Spieluhrenmacherei im benachbarten Altsimonswald verweisen, einem damals aufstrebenden Gewerbe im südlichen Schwarzwald.

1841 verlegt auch sein ältester Sohn Andreas, der einige Jahre als Orgelbauer selbständig gearbeitet hatte, seine Werkstatt von Altsimonswald nach Waldkirch. So entsteht in der Zusammenarbeit von Ignaz mit seinen fünf Söhnen das erste größere Zentrum für die serienmäßige Herstellung von Spieluhren und Drehorgeln aller Art.

Nach 1845 werden auf Grund des völlig neuen und wachsenden Schaustellerbedarfs weitere Unternehmen dieser Branche in Waldkirch gegründet. Neben den verschiedenen Firmen der Familie Bruder entsteht die Firma A. Ruth & Sohn, und auch die weltbekannte Orchestrionfabrik Gebrüder Weber hat ihren Sitz in Waldkirch.

1896 eröffnet die bedeutendste französische Jahrmarktorgel-Fabrik Gavioli eine Filiale in Waldkirch, die von 1908 bis zum Ersten Weltkrieg vom Nachfolgeunternehmen Limonaire Frères aus Paris weitergeführt wird. Man spielt die Instrumente aus Waldkirch in New York ebenso wie in Amsterdam, Paris oder Frankfurt.

Mit dem 1. Weltkrieg bricht der Weltmarkt zusammen. Ein wirtschaftlicher Verlust, von dem sich die Waldkircher Unternehmer nicht mehr erholen. Zudem sind die neuen Errungenschaften wie Rundfunk und Schallplatte eine ernst zu nehmende Konkurrenz.

Bedingt durch die Weltwirtschaftskrise und die neuen technischen Möglichkeiten schrumpft der Bedarf der Schausteller an den relativ teuren Orgelwerken. So muss 1937 das letzte Orgelbauunternehmen in Waldkirch schließen.

Nach dem Zweiten Weltkrieg gelingt dem Orgelbauer Carl Frei in seiner Heimatstadt zusammen mit seinem Sohn noch einmal der Neubeginn. Bald verlassen erneut Orgelwerke die Stadt. Bis 1995 übt Carl Frei jr. das Handwerk des Drehorgelbauers in Waldkirch aus.

In den letzten Jahrzehnten des 20. Jahrhunderts entstehen in der Stadt am Kandel dann wieder neue Orgelbauwerkstätten: *Wolfram Stützle, Paul Fleck Söhne, Jäger& Brommer und Rainer Pitt*. Die jungen Orgelbauer befassen sich mit Kirchenorgelbau, aber auch mit dem Bau und der Restaurierung von Drehorgeln. Sie führen damit die über 200jährige Tradition des Orgelbaus in Waldkirch fort.

Kapellmeisterin, Fa. Demetz um 1923, Inv.Nr. 0488 Elztalmuseum, Schenkung der J. Wägele-Stiftung

DIE BRUDER-DYNASTIE UND IHRE FIRMEN

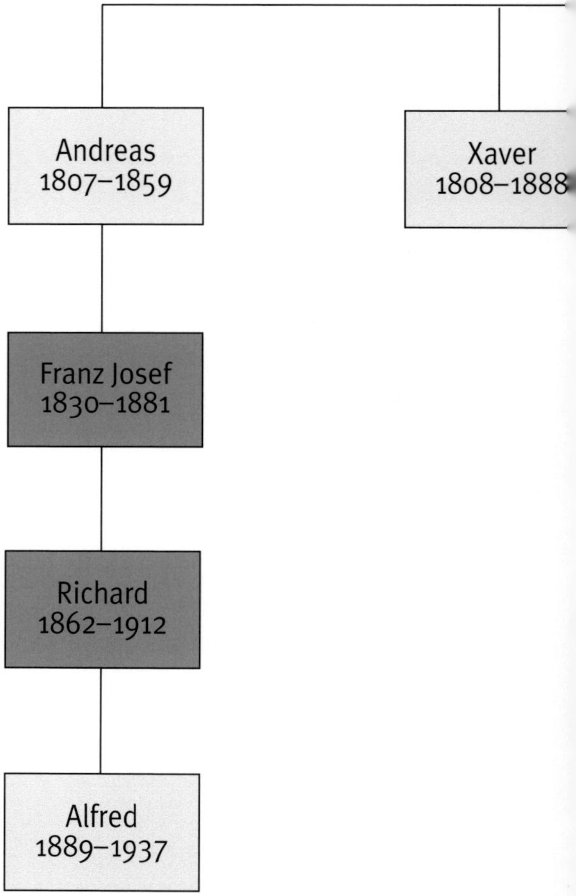

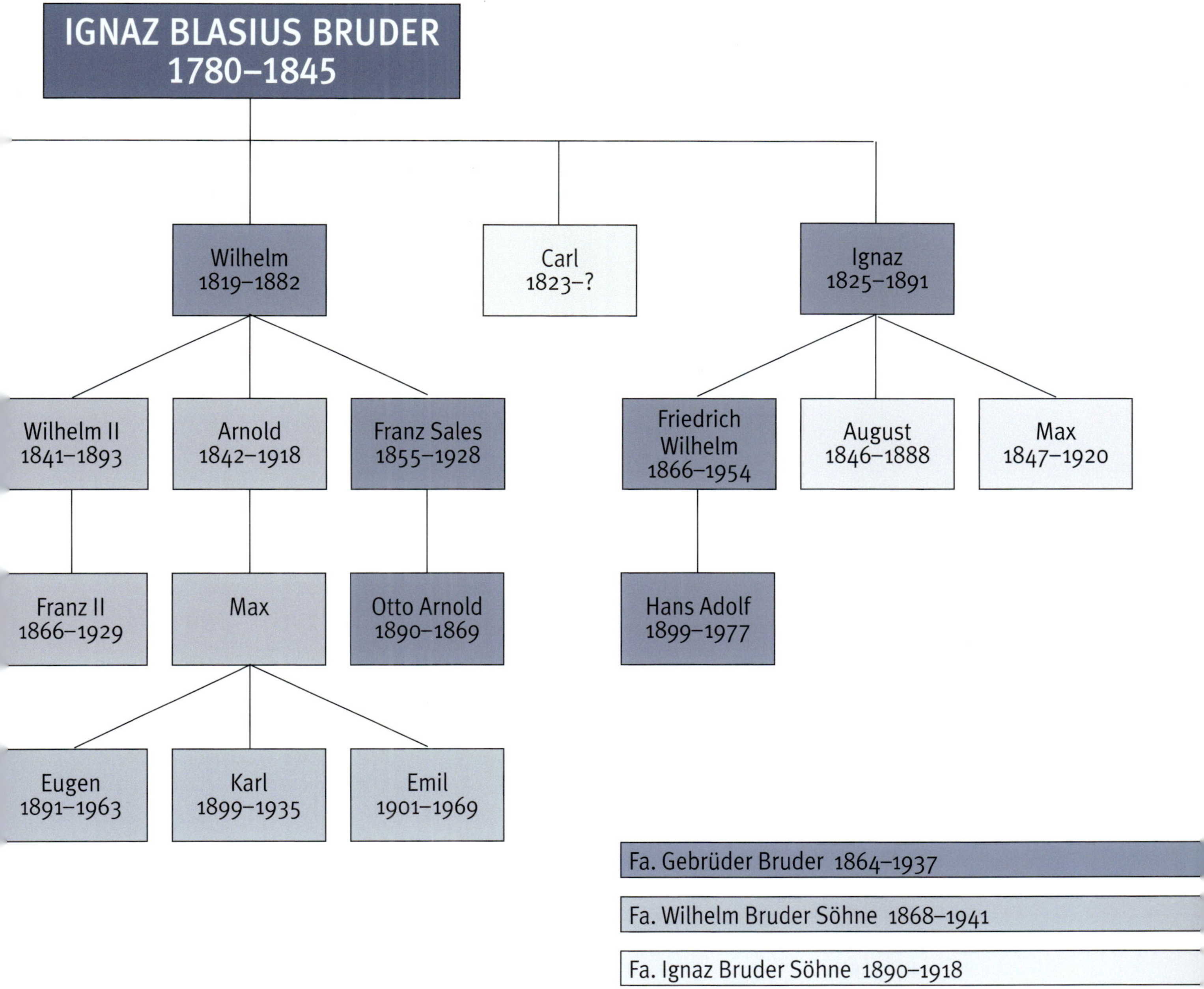
IGNAZ BLASIUS BRUDER
1780–1845
Wilhelm
1819–1882
Carl
1823–?
Ignaz
1825–1891
Wilhelm II
1841–1893
Arnold
1842–1918
Franz Sales
1855–1928
Friedrich Wilhelm
1866–1954
August
1846–1888
Max
1847–1920
Franz II
1866–1929
Max
Otto Arnold
1890–1869
Hans Adolf
1899–1977
Eugen
1891–1963
Karl
1899–1935
Emil
1901–1969
Fa. Gebrüder Bruder 1864–1937
Fa. Wilhelm Bruder Söhne 1868–1941
Fa. Ignaz Bruder Söhne 1890–1918

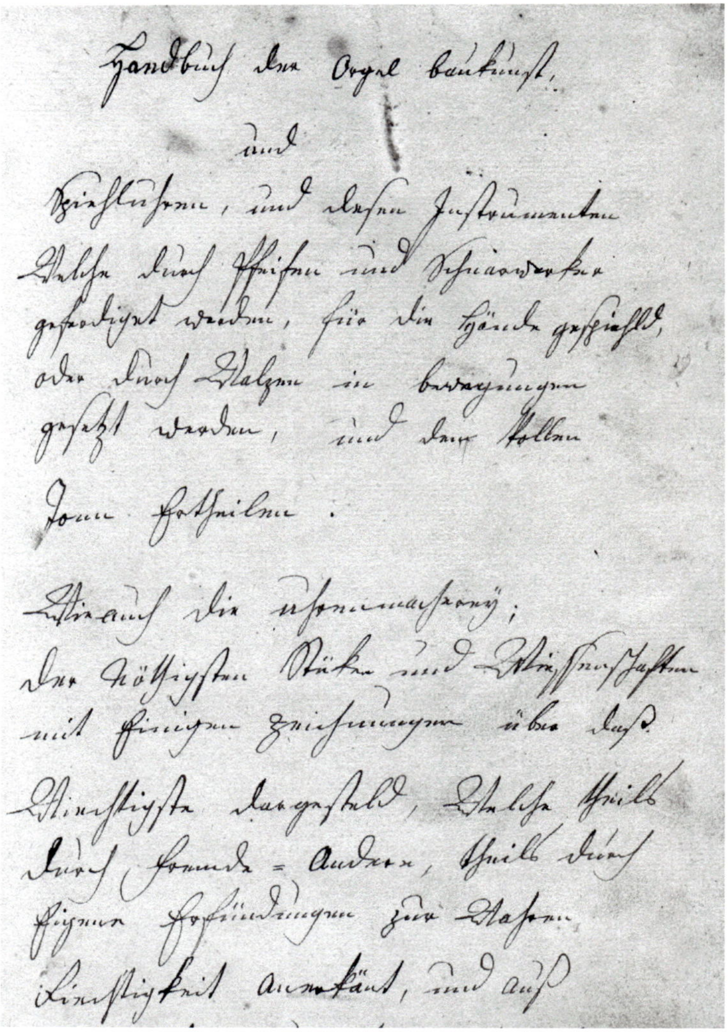
Handbuch der Orgel baukunst,

und

Kirchenuhren, und deren Instrumenten welche durch Pfeifen und Schlagwerke gefertiget werden, für die Hände geschickt, oder durch Walzen in Bewegungen gesetzt werden,

Handbuch der Orgelbaukunst, Handschrift von Ignaz Blasius Bruder, 1829, Inv.Nr. 0 564

IGNAZ BLASIUS BRUDER – EIN CLEVERER SCHWARZWÄLDER

Ignaz Bruder (1780-1845) ist einer der bedeutendsten Musikwerkbauer und ein eindrucksvolles Beispiel Schwarzwälder Tüftlergeistes. Der bei Zell am Harmersbach geborene Maurergeselle ist ein Autodidakt, der sich die Gegebenheiten des Schwarzwaldes und das Anschauungsmaterial in den Klöstern zu Nutze machte, um ein eigenes erfolgreiches Metier aufzubauen. Möglicherweise kam er während seiner Wanderjahre auch in das lothringische Vogesenstädtchen Mirecourt, das damals ein Zentrum des Violinbaus, aber auch der Produktion mechanischer Musikinstrumente wie Serinetten (Vogelorgeln) und Drehorgeln war. Ignaz ist das Paradebeispiel eines selbstbewussten Bürgers, der die gesellschaftlichen Umbrüche nutzte und sich aus einfachsten Verhältnissen heraus mit eigener Kraft seinen Weg als Pionier des Automatenbaus erkämpfte. Geschickt hat er es verstanden, seine Interessen – Musik und Technik – mit wirtschaftlichem Erfolg zu verbinden.

1804 beginnt er in Simonswald mit dem Bau von Flötenuhren, die er mit mechanisch bewegten Figuren prachtvoll ausstattet. Damit legt er den finanziellen und ideellen Grundstock für die vier Generationen dauernde Erfolgsgeschichte des Musikautomatenbaus in seiner Familie. Aber so erfolgreich der Flötenuhrenbauer bereits ist, er will mehr erreichen. Es reizt ihn, das Zusammenspiel von Musik und Mechanik mehr und mehr zu verbessern und das Klangspektrum zu erweitern. Bald verzichtet er auf das Platz raubende Uhrwerk, um Raum für ein umfangreiches Pfeifenwerk zu bekommen.

Ignaz Blasius Bruder

Ab 1806 baut er als Erster im Schwarzwald mit wachsendem Erfolg Dreh-Flötenwerke und schließlich Drehorgeln in größerem Umfang. 1807 heiratet er Maria Anna Siefert, mit der er zahlreiche Kinder hat. Seine fünf Söhne erlernen das gleiche Handwerk und unterstützen ihn erfolgreich bei der Produktion. Der wirtschaftliche Erfolg gestattet dem Sohn eines armen Schmieds, im Jahr 1816 ein eigenes Haus und zwei Werkstätten in Untersimonswald zu bauen.

Seine Walzenorgeln im Stil einer kleinen Biedermeierkommode und wie seine Flötenuhren mit beweglichen Figuren ausgestattet sind eine Zierde für den Salon eines wohlhabenden Bürgers, aber auch die Attraktion für die Gaststube eines erfolgreichen Wirts. Für die sehr aufwändig gearbeiteten mechanischen Musikinstrumente müssen bis zu 150 Gulden bezahlt werden.

Reich geworden kauft er sich 1834 als Bürger in der Stadt Waldkirch ein und erwirbt ein stattliches Haus. Der älteste Sohn Andreas arbeitet weiterhin unabhängig in Simonswald. Als 1841 auch er seine Werkstatt nach Waldkirch verlegt, arbeiten nunmehr alle fünf Söhne mit dem Vater zusammen. Es entsteht mit diesem Familienunternehmen ein Zentrum für den mechanischen Musikwerkbau. Die hier hergestellten Instrumente erreichen Weltruf.

Im Bestreben, sein gesamtes Wissen um den Orgel- und Musikwerkbau seinen Nachkommen zu hinterlassen, schreibt Ignaz 1829 ein Buch mit einer Fülle von technische Anweisungen und ausführlichen Beschreibungen. In den letzten Jahren seines Lebens büßt der Tüftler bei der wenig erfolgreichen Entwicklung einer mechanischen Hanfspinnmaschine einen Großteil seines Vermögens ein.

Am 13. April 1845 stirbt der anerkannte Musikautomatenbauer in Waldkirch. Das rührige Familienunternehmen gedeiht aber weiterhin und hat auch außerhalb Waldkirchs bald einen guten Klang. Es entstehen kleine und große Musikautomaten, Konzert- und Kirmesorgeln, die bereits im 19. Jahrhundert über Europa hinaus ihren Absatzmarkt finden. „Made in Waldkirch“ ist zu einem Begriff geworden.

VOGELORGEL, um 1835

Ignaz Bruder zugeschrieben. Elztalmuseum, Inv. Nr. O 321
Original erhaltene Walze, offene Labialpfeifen.

Mit solche kleinen „Vogelorgeln“, Serinetten genannt, glaubte man früher, Vögel zum Singen von Melodien abrichten zu können.

Der erste Besitzer dieses Instruments war der Kolonialwarenhändler Josef Anton Koch aus Waldkirch, der mit Ignaz Bruder befreundet war. Dies legt nahe, dass dieses kleine Spielwerk von Ignaz Bruder hergestellt wurde.

Liedrepertoire:

- *Was gleicht wohl auf Erden... (Lortzing, Freischütz, 1817)*
- *Im Wald und auf der Heide (Wilhelm Bornemann, 1817)*
- *Schier 30 Jahre bist du alt (Karl von Holtei, 1827)*
- *Ich hatt' einen Kameraden (Friedrich Silcher, 1825)*
- *Der Papst lebt herrlich in der Welt (Christian Ludwig Noack, 1833)*
- *Ich bin ein Preuße (August Heinrich Neithardt, 1832)*

DIE SÖHNE DER BRUDERDYNASTIE Ignaz Bruder hatte insgesamt 15 Nachkommen, von denen sieben als Kinder starben. Das Handwerk des Musikwerk- und Orgelbaus wird von den fünf verbleibenden Söhnen weitergeführt. 1864 schließen sich drei der in Waldkirch lebenden Bruder-Familien zu der Firma Gebrüder Bruder zusammen und errichten ein großes Fabrikgebäude.

ANDREAS BRUDER (1807-1859)

Der Orgelbauer hatte Wohnhaus und Werkstatt zunächst in Simonswald. 1841 wird er Bürger von Waldkirch und arbeitet von da an mit dem Vater zusammen. Er übernimmt das Anwesen des Vaters in Waldkirch. Sein Sohn wird ebenfalls Orgelbauer.

XAVER BRUDER (1808-1888)

Er ist nicht nur Orgelbauer, sondern wie sein Vater ein erfolgreicher Geschäftsmann und ein angesehenes Gemeinderatsmitglied. Wohnung und Werkstatt richtet er sich in einem ehemaligen Kustoreigebäude ein. Er stirbt ohne eigene Nachkommen.

WILHELM BRUDER (1819-1882)

Der Orgelbauer hatte sein Wohnhaus und die eigene Werkstatt in der heutigen Adenauerstraße 11. Seine drei Söhne führen die Orgelbautradition weiter.

CARL BRUDER (1823)

Der gelernte Orgelbauer zieht 1847 nach St. Petersburg und erlangt am Zarenhof das Amt des Hofuhrenaufziehers.

IGNAZ BRUDER II (1825-1891)

Auch er zieht als gelernter Orgelbauer nach St. Petersburg, kehrt aber aufgrund gesundheitlicher Schwierigkeiten seiner Frau 1860 wieder zurück. Seine drei Söhne erlernen alle das Handwerk des Vaters.

WALZENORGEL, vor 1848

vermutlich Xaver Bruder, Waldkirch, Inv.Nr. O 369.
22 Clavis (21 Tonstufen und Tambour)
Inschriften im Balg:
„Rebariert in Waldkirch am 5.November 1848 Xaver Bruder“
„J. Eckstein 1866 Stockholm“ und „...1894(8)“
Korpus: Nussbaum mit Bandintarsien und Blumenmarketerie

Das kleine Walzeninstrument, im Stil einer Biedermeier-kommode gebaut, zeigt bei geöffnetem Deckel einen kleinen Spiegelsaal, in dem sich eine Tanzgesellschaft mit ehemals 12 Figuren zum Klang der Musik dreht. Von der Tanzgesellschaft sind nur 6 gefasste Figuren erhalten. Die Rückwand des Instrumentes zeigt Abriebspuren vom Transport, der das Instrument nach Schweden und schließlich auf den Speicher eines Bauernhofs führte, wo es vergessen wurde. 1998 wieder entdeckt, wurde es zum Kauf angeboten.

In einer bemerkenswerten Waldkircher Bürgerinitiative unter Federführung von J. Reich konnte die Orgel für das Elztalmuseum angekauft werden. Bewusst wurde bei der Restaurierung 2000 ein sehr behutsamer Weg gewählt. Das Gehäuse wurde konservierend behandelt. Ergänzende Maßnahmen wurden nur so weit durchgeführt, wie sie nötig waren, um das Instrument wieder in seiner originalen Anmutung erklingen zu lassen.
Die fehlenden Pfeifen konnten an Hand der vorhandenen Pfeifenmaße ermittelt werden.
Bei der Walze wurden die Stifte ausgerichtet bzw. fehlende ersetzt, so dass die originalen Musikstücke wieder gespielt werden können. Die Fassung der Figuren wurde freigelegt; um eine Verfälschung zu vermeiden wurden fehlende Figuren nicht ergänzt.

Disposition:

Flöte 4'	*G, H, C, D, E, F, G, A, H, c, d, e*
Flöte 8'	*G, H, C, D, E, F, Fis*
Bodenpfeifen	*C, D, E, A, H, f, a, h, d, e'*

63 Pfeifen a'
Flöten gedeckt 4' G⁰ - fis'', ab a''offen
Flöten gedeckt 2' G⁰- fis', ab a'offen
21 Bodenpfeifen gedeckt 8'

SCHAUSTELLER-ORGEL, um 1900

Firma Gebr. Bruder, Modell Nr. 107, Inv.Nr. O 133
52 Tonstufen, pneumatische Notenrollen-Steuerung
Teilchromatische Scala
Schwungrad-Antrieb (mit elektrischem Motor)
Originalfassade „Olympia“
Das Instrument, um 1900 mit Schleiflade und Walzensteuerung gebaut, wurde 1927 von der Firma auf pneumatische Notenrollen-Steuerung umgestellt.
Das Modell 107 war mit seinem großen Notenrollen-repertoire eine der erfolgreichsten Orgeln der Firma.
Teilregister-Disposition:
1. Gedeckt (Bourdon) 8'
2. Gedeckt-Oktave 4'
3. Violinen 4'
4. Mixtur 3'2/3
5. Trompeten 8'
6. Bombarden 16'
7. Große und kleine Trommeln
Original-Substanz 100 %

SCHAUSTELLER-HANDDREHORGEL, um 1864

Gebrüder Bruder, von Wilhelm Bruder gefertigt.
Inv.Nr. O 135
38 Clavis
Handkurbelantrieb mit Stiftwalze
Schleiflade (diatonisch mit fis und cis)
Sehr seltene Register-Disposition:
1. Grundgedeckt 8' (im Boden)
2. Oktave teilgedeckt 4'
3. Oktave offen 2'
4. Quinte 2 2/3'
5. Trompeten 8', dabei 4 Zungenbässe 16'
Originalsubstanz 100 %

SCHAUSTELLER-ORGEL, 1925/26
Gebrüder Bruder, Modell 107; Serien-Nr.: 5356
Inv.Nr. O 479
52 Tonstufen
Das Werk ist in allen Teilen überholt und restauriert.
Schenkung aus der Sammlung Jan L.M. van Dinteren.

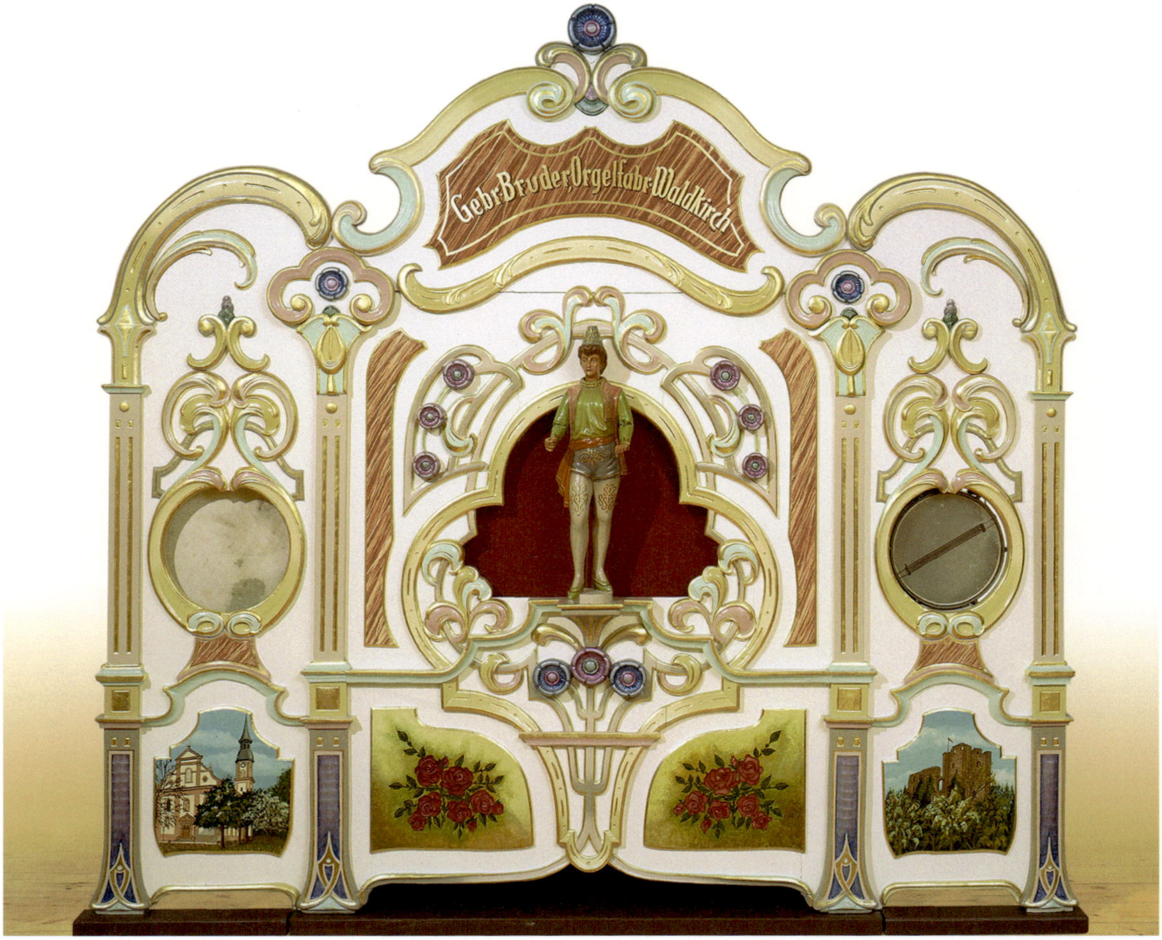

SCHAUSTELLER-ORGEL, 1925

Gebrüder Bruder , Modell 107, Serien-Nr.: 5345
Inv.Nr. O 479
52 Tonstufen, mit Kontrabässen, Kartonnotensteuerung,
Schwungradantrieb (mit elektrischem Motor)
Großes Musikrepertoire mit vielen Arrangements von
Gustav Bruder
Schenkung aus der Sammlung Jan L.M. van Dinteren
Das Instrument stand bis 1967 in einem
Karussell in Bayern

DIE ENKEL DER BRUDERDYNASTIE Auch die Enkel pflegen die handwerkliche Tradition der Bruderdynastie. Da nur immer der jüngste Sohn einer Bruder-Familie die Firmennachfolge antreten kann, werden in der Enkelgeneration zwei weitere Firmen gegründet. Das Gewerbe blüht. Die Bruder-Orgeln werden weltweit geschätzt.
1880 liefert die Fa. Gebrüder Bruder ca. 100 Instrumente in die ganze Welt. Die Fa. Ignaz Bruder Söhne, die im Jahr etwa 59 Instrumente herstellt, liefert hauptsächlich nach Berlin aber auch nach Russland und Frankreich. Der Absatzmarkt der Fa. Wilhelm Bruder Söhne, mit einer Jahresproduktion von 50 Instrumenten, erstreckt sich auf Deutschland, Frankreich und Russland.
Mit steigender Nachfrage erhöhen die drei Orgelbauwerkstätten in den folgenden Jahren deutlich ihre Produktionszahlen. 1888 werden mit insgesamt 53 Beschäftigten ungefähr 400 Instrumente mit dem Namen Bruder gefertigt und in die ganze Welt exportiert.
Da die Bruderfirmen in besonderem Maße vom Export abhängig sind, erschüttern der erste Weltkrieg und später die Weltwirtschaftskrise die soliden Fundamente der drei Firmen. Die Erfindungen von Plattenspieler und Rundfunk wachsen zu einer großen Konkurrenz heran, so dass die Firmen eine nach der anderen schließen müssen. Die letzte der Bruderfirmen wird 1941 aus dem Handelsregister gelöscht.

ALFRED BRUDER (1889-1937),

Sohn des Richard Bruder und ein Nachfahre des Uhrenignaz. Er führt einen eigenen Betrieb in Waldkirch, in dem er Karussellorgeln herstellt.

GUSTAV BRUDER (1890-1971),

der letzte in der Tradition stehende Nachfahre des Uhrenignaz wird vor allem auf Grund seiner hervorragenden Arrangements für Orchestrien und Schaustellerorgeln bekannt.

RICHARD BRUDER (1862-1912),

Urenkel des Uhrenignaz wird 1908 Direktor der Waldkircher Zweigniederlassung von Limonaires Frères Paris.

Kapellmeisterin für eine Orgelfassade, Fa. Demetz, um 1905, Inv.Nr. O 453

Detailansicht
des Walzorchestrion
genannt „S' ewig Werkli"
Ignaz Bruder Söhne
um 1860/65

Detailansicht
der Stiftwalze mit
Windregulator

ORCHESTRION „S' EWIG WERKLI", ca. 1860/65

Firma Ignaz Bruder Söhne, Inv.Nr. O 345
46 Clavis
Walzensteuerung mit Gewichtsantrieb

Zu den interessantesten Instrumenten der Sammlung gehört das von Legenden umrankte Walzenorchestrion der Firma Ignaz Bruder Söhne.
Dieses Instrument wurde aus unbekannten Gründen „S' ewig Werkli" genannt. Es kann jedoch nicht, wie zu vermuten als Versuchsinstrument gedient haben, denn es weist keinerlei Experimentierspuren auf, sondern zeigt einen verkaufsfertigen Originalzustand.
In allen Konstruktionsdetails gleicht es den Instrumenten der seinerzeit führenden Orchestrienhersteller des Hochschwarzwaldes.
Das Instrument belegt den Versuch der Firma Ignaz Bruder Söhne, um 1860/65 den zu dieser Zeit bereits im Hochschwarzwald blühenden Orchestrionbau in Waldkirch einzuführen. Die Konkurrenz vom Hochschwarzwald war aber wohl doch zu stark, denn erst mit der Firma Weber, die 1883 gegründet wurde, werden die Orchestrien in Waldkirch heimisch.
Disposition:
3 Teilregister mit automatischer Schleiflade (diatonisch mit den Halbtönen b, fis, cis für Forte mit Oktave 4')
1. Holz-Principal: 8' offen (innen-laviiert, Rundlabium)
2. Oktave: 4' offen „Wiener Spielflöten"
3. Trichter-Horn: 8' (durchschlagende Zungen)

Original-Substanz 100 %

SCHAUSTELLERORGEL, 1902

Wilhelm Bruder Söhne, Modell 79, Inv.Nr. O 469
48 Tonstufen mit 166 Pfeifen und Trompeten.
Das Werk ist in allen Teilen überholt und restauriert. Das gesamte Pfeifenwerk ist bis auf eine fehlende Pfeife original erhalten. Die Bodenplatte, das Dach und Teile des Spieltisches sind erneuert, da sie nicht mehr zu erhalten waren. An der Fassade sind ca. 25 % ersetzt oder rekonstruiert. Die Bilder in der Fassadenkrone wurden von der Kinderbuchillustratorin Helga Gebert gemalt.
Die Orgel gehört zur ersten Generation der Kartonnotenorgeln und ist in gleicher Bauweise und Fassadengestaltung vermutlich nur noch einmal in Holland vorhanden.
Ursprünglich stand das Instrument bei einer Schiffschaukel.
Disposition:

Bass	*7 Tonstufen*	*Gedeckt mit Cello Oktaven*
Bombardon	*5 Tonstufen*	
Begleitung	*7 Tonstufen*	*Gedeckt mit Cello Oktaven*
Melodie	*23 Tonstufen*	*1 x Gedeckt, 3 x Violine*
Im Forte	*1 x Spitzflöte + 13 Trompeten*	
Schlagzeug:	*kleine Trommel und große Trommel*	

Forte und Piano Schaltung.

20ER WALZENDREHORGEL, ca. 1880

Ignaz Bruder Söhne, Fabrik Nr. 1104 , Inv.Nr. O 346
Typ: Oktav-Flötenorgel, „Uniflute“
Mit Ausnahme der Walze sind alle Teile original erhalten. Die Walze hat 3 originale Musikstücke, 7 Melodien sind zu einem späteren Zeitpunkt ersetzt worden. Das Gehäuse ist aus Nussbaum, gezinkt. Blumengirlanden-Intarsien auf dem Frontrahmen. Der Firmennamen „Ignaz Bruder Söhne“ ist in Intarsie gesetzt. Balg-Werk mit 2 Doppelschöpfern und Magazin.
Disposition:
Gedeckt 8'
Oktave 4' (ab d' offener Holzprincipal)
Transponierung: G-Stimmung

20ER WALZENDREHORGEL, CA. 1885/90

Wilhelm Bruder Söhne, Waldkirch
Typ: Oktav-Flötenorgel, „Uniflute“,
Fabrik-Nr. 3405, Inv.Nr. O 331
mit 10 Musikstücken
Die Orgel ist original erhalten, einschließlich der Walze, und wurde für den französischen Export hergestellt.
Der Firmenname ist aus diesem Grund nicht in der Front zu sehen, sondern nur in der Windlade eingetragen.
Das Musikprogramm auf der Original-Walze besteht aus südfranzösischer Folklore. Zu einem späteren Zeitpunkt erhält das Instrument eine weitere Walze mit spanischen Titeln, wie ein zweites Stückeverzeichnisses auf dem teils erhaltenen Originaldeckel belegt.
Die Orgel wurde 1986 restauriert.
Disposition:

Stimmung:	*B, klingend a^1 = 440 Hz,* *(ab a^1 offene Oktavflöte)*
Skala:	*C° = B° Klavierholz ohne Beschriftung,* *F°, B, C 1, D, es, e, f, g, a 1, b, c, d, es, e, f, g, a, b, d, klingend*
Pfeifen:	*Gedeckte Bodenpfeifen,* *oben Oktave ab a^1 offene Flöte*

Detail des Walzenzeichenstuhls in der Musikzeichnerei, 19. Jahrhundert, Elztalmuseum

Titelbild des Firmenkatalogs der Orgelbaufabrik A. Ruth & Sohn

DIE ORGELBAUFABRIK A. RUTH & SOHN Der Firmengründer Andreas Ruth wird 1817 als Sohn eines Taglöhners in Waldkirch geboren. Seine Ausbildung als Spieluhrenmacher erhält er bei Christian Muckle in Furtwangen und bei Xaver Bruder in Waldkirch.

Bei der Betriebsgründung 1841 werden zunächst mechanische Figuren als Zulieferung für den Orgelbau gefertigt sowie Hackbrett-Instrumente und eine Art Drehpiano gebaut. Später spezialisiert sich Ruth auf den Bau von Drehorgeln. Nach 1870 werden zunehmend große Karussell- und Schaustellerorgeln hergestellt. Der Bau dieser Großorgeln mit mehr als 30 Tonstufen bringt der Firma unter der Leitung des Sohnes Adolf, der seit 1875 an der Firmenspitze steht, den großen Erfolg. 1884 wird ein neues Fabrikgebäude in Bahnhofsnähe für den Bau von Großorgeln mit aufwändig gestalteten Fassaden errichtet.

1908 tritt Adolf Ruth junior als gelernter Orgelbauer die Nachfolge seines Vaters in der Firma an. Seine sorgfältig gestalteten, werktreuen Arrangements bringen der Firma große Anerkennung.

Nach dem Ende des ersten Weltkrieges kann der Niedergang des einst blühenden Betriebes nicht aufgehalten werden. 1938 stirbt mit dem Enkel Adolf Ruth der letzte Firmeninhaber. Das Unternehmen wird an die Orgelbau-Firma Voigt in Frankfurt-Höchst verkauft, die alle Rechte, Unterlagen und Materialien übernimmt. Damit war das endgültige Aus für die weltweit berühmte Firma A. Ruth & Sohn in Waldkirch gekommen. Die Firma erlischt.

A. Ruth & Sohn, Schaustellerorgel, Modell 33, Inv.Nr. O 387

Andreas Ruth (1817-1888)

*Anzeige
der Orgelbaufabrik
A. Ruth & Sohn*

RÜCKENKLAVIER (HACKBRETT),
Mitte 19. Jahrhundert, Fa. Ruth & Sohn, Waldkirch (Prod. Nr. 797), Inv.Nr. O 137

Selbstspielendes Hackbrett mit 22 Clavis, von c bis e, je dreisaitig besetzt.
Walze mit acht Musikstücken.
Handkurbelantrieb
Originalsubstanz 100 %
Das tragbares Walzenklavier mit einfachster Hammer-Traktur ist eine seltene Variante der im Schwarzwald zu dieser Zeit sehr unterschiedlich gebauten Hackbrett-Uhren mit Figuren. Ab 1850 werden diese ohne Uhrwerk, dafür mit größeren, beweglichen Figuren, als Gaukler-Rückenklaviere gebaut.
Das Rückenklavier wird mit einem Lederriemen auf dem Rücken transportiert, zum Spielen jedoch abgesetzt. Beim Drehen der Kurbel wird über eine Stiftwalze ein Mechanismus in Bewegung gesetzt, dessen Hämmerchen die Saiten anschlagen.
Der Firmengründer Andreas Ruth legt mit dem Bau von Rückenklavieren den Grundstein für seinen erfolgreichen Betrieb. Besonders reich ausgestattete Instrumente sind mit einem kleinen Theater beweglicher Figuren ausgestattet. Selbst Kunden aus Italien lassen sich in Waldkirch Instrumente anfertigen oder reparieren.
Die Blütezeit dieses Instrumententyps, dessen Klang in der Volksmusik des 19. Jahrhunderts sehr geschätzt wird, ist relativ kurz.

HARMONIPAN, um 1864

A.Ruth & Sohn, Waldkirch, Inv.Nr. O 473
44er Walzenorgel, 49 Tonstufen.
Gestiftet von den Bürgern der Stadt Waldkirch

Diese Walzenorgel ist Beispiel eines frühen Bautyps der Firma Ruth & Sohn
Walze mit 10 Melodien: u.a.

- Josephinenwalzer
- Die Wacht am Rhein
- Ach so fromm, ach so traut (Martha, Martha) (Flotow)
- Miserere (Verdi)
- God save the Queen

KARUSSELLORGEL, um 1880

Ruth & Sohn, Waldkirch, Inv.Nr. O 134
Walzenorgel, 49 Tonstufen
Um 1900 wurde die Walze von der Fa. Bruder Söhne umprogrammiert.
Diese Walzenorgel ist das Beispiel einer Karussellorgel, wie sie in der Zeit um 1880 in Waldkirch von nahezu allen Orgelfabriken erfolgreich gebaut wurde. Das Instrument zeigt den typischen Waldkircher Aufbau mit Schleiflade und einer Disposition im Stil einer barocken Kirchenorgel. Auf den Jahrmärkten der Gründerzeit waren diese Orgeln aufgrund der vollen und spritzigen Musik sehr beliebt.
Die in ihrer Grundstruktur diatonische Skala mit lediglich zwei Halbtönen (fis und cis) ist typisch für diese Walzenorgeln. Meist wurden die kleineren Walzenorgeln von Hand betrieben. Dadurch hatten junge Leute auf dem Jahrmarkt die Möglichkeit, sich mit ihrer Muskelkraft einen Freifahrschein zu verdienen.

Disposition:
1. *Grundgedeckt 8' (im Boden)*
2. *Octave 4'*
3. *Pan- bzw. Zauberflöte 2'*
4. *Superoctave 1'*
5. *Trompete 8'*
6. *Posaunenbass 16'/8'*

SCHAUSTELLERORGEL, 1903

A. Ruth & Sohn, Waldkirch
Modell Nr. 35, Seriennummer 3992, Inv.Nr. O 369
67 Tonstufen, 220 Holzpfeifen (Labiale und Linguale)

Das Instrument trägt das Herstellungsdatum vom März 1903. Das lässt darauf schließen, dass es sich bei diesem Exemplar um das erste dieser Modellreihe handelt. Fragmente alter zur Orgel gehörender Kartonnoten mit verschiedenen französische Musikstücken, darunter die französische Nationalhymne, weisen auf eine zeitweilige Nutzung des Instrumentes in Frankreich hin. Die Firma A. Ruth & Sohn beginnt im Juli 1900 mit dem erfolgreichen Bau von Kartonnotenorgeln. Bei der Entwicklung der neuen Modelle legt sie den Schwerpunkt auf Instrumente mit guten Skalen und umfangreicher Disposition .

Im Jahre 1903 wird das neue Orgelmodell Nr. 35 auf den Markt gebracht. Zunächst baut die Firma zwei Prototypen, die im März und im April 1903 die Fabrik verlassen. Die im April 1903 ausgelieferte Orgel wird an einen Kunden namens A. Sachs verkauft. Das Instrument des Elztalmuseums wurde 1991 vollständig restauriert.
Das Modell Nr. 35 ist ein besonders erfolgreicher Bautyp in der Produktpalette der Firma. Es hat eine kompakte Instrumentengröße, die dennoch ein großes Klangvolumen mit vielen musikalischen Möglichkeiten besitzt und eine ansprechende Orgelfassade vorweisen kann. Das Modell kam, im Vergleich zu den ganz großen Konzertorgeln, zu einem erschwinglichen Anschaffungspreis auf den Markt. In den Jahren 1903 bis 1926/27 wurden 56 Exemplare dieses erfolgreichen Modells produziert.

Disposition:

Melodie:	*23 Holzpfeifen „Gedeckt 8‘ “*
	63 Holzpfeifen „Violine 8‘ “
	46 Holzpfeifen „Mixtur 4‘ “
Gegenstimme:	*14 Linguale aus Holz „Trompete 8‘ “*
	(davon fünf gekoppelt)
	6 Linguale aus Holz „Posaune 8‘ “
Bass und Begleitung:	*21 Holzpfeifen „Gedeckt 8‘ “*
	21 Holzpfeifen „Oktavgedeckt 4‘ “
	26 Holzpfeifen „Mixtur 2 2/3 (2-fach)“
Schlagwerk:	*1 große Trommel gekoppelt mit Becken*
	1 kleine Wirbeltrommel
	(zwei selbständige Schlegel)
Schaltungen:	*1 x Forte an*
	1 x Piano an

Vorgesehene Schaltungen (könnten als Zusatzregister und Funktionen in Betrieb genommen werden):

1 x Metallophon an
1 x Flöte (Okarina) an
1 x Kapellmeister-Steuerung.

GEBRÜDER WEBER GMBH, ORCHESTRIONFABRIK

Der Firmengründer August Weber wurde am 22.9.1861 in Waldkirch geboren. Seine Ausbildung beginnt er bei dem Orchestrionfabrikanten Wellenburg in Vöhrenbach/Schwarzwald. Erste Arbeitserfahrungen erhält er bei den angesehenen Firmen Imhof & Muckle in Vöhrenbach und Schönstein in Villingen.

1883 gründet der erst 22-jährige mit seinem Bruder Hermann eine eigene Orchestrionfabrik im elterlichen Haus. Sein Bruder zieht sich schon bald aus dem Geschäft zurück. In dem schnell wachsenden Betrieb sind 18 Arbeiter beschäftigt.

Nicht Zeit raubende Sonderanfertigungen sondern feste Werktypen mit standardisierten Skalen bestimmen seine Produktion. Durch die rationelle und kostengünstige Herstellung kann schnell auf eine wachsende Nachfrage reagiert werden. 1896 wird die Firma in eine GmbH umgewandelt. Die Deutsche Automatengesellschaft Stollwerk & Co wird Gesellschafter.

1902 wird das letzte Walzenorchestrion gebaut. Mit dem Bezug neuer Fabrikräume in der Bismarckstraße werden nur noch kartonnotengesteuerte Orchestrien hergestellt. Alle Werktypen werden ausschließlich in Verbindung mit einem Klavier gebaut.

1904 bringt die Beteiligung an der Weltausstellung in St. Louis weiteren Aufschwung. Im Zuge der großen Nachfrage werden Vertretungen im In- und Ausland eingerichtet.

Verkaufsraum der Gebrüder Weber um 1900

1913 tritt Gustav Bruder als Musikzeichner und technischer Berater in die Firma ein. Dank seines großen musikalischen Könnens und der hervorragenden Arrangements können die Instrumente der Firma ihre legendäre Klangvielfalt entwickeln. 1918 stirbt der Firmengründer August Weber.

Sein Sohn Otto führt die Firma zusammen mit seinem Schwager Jäger weiter. Nach dem 1. Weltkrieg werden Lieferverträge mit den renommierten Klavierfabriken Förster und Feurich geschlossen.

1931 während der Weltwirtschaftskrise muss das florierende Unternehmen mit 76 Beschäftigten aufgrund von Zahlungsschwierigkeiten seiner Kunden Konkurs anmelden.

Die Firma wird aufgelöst und viele wertvolle technische Unterlagen werden zerstört. 1973 stirbt Otto Weber.

August Weber

Otto Weber

Urteil der Fachpresse:

„Die musikalische Leistungsfähigkeit und Ausdrucksmöglichkeit der Weberschen Instrumente haben den höchsten Grad an Vollendung erreicht ...“ Zeitschrift für Instrumentenbau 1911.

Die Belegschaft der Orchestrionsfabrik Gebrüder Weber nach 1905

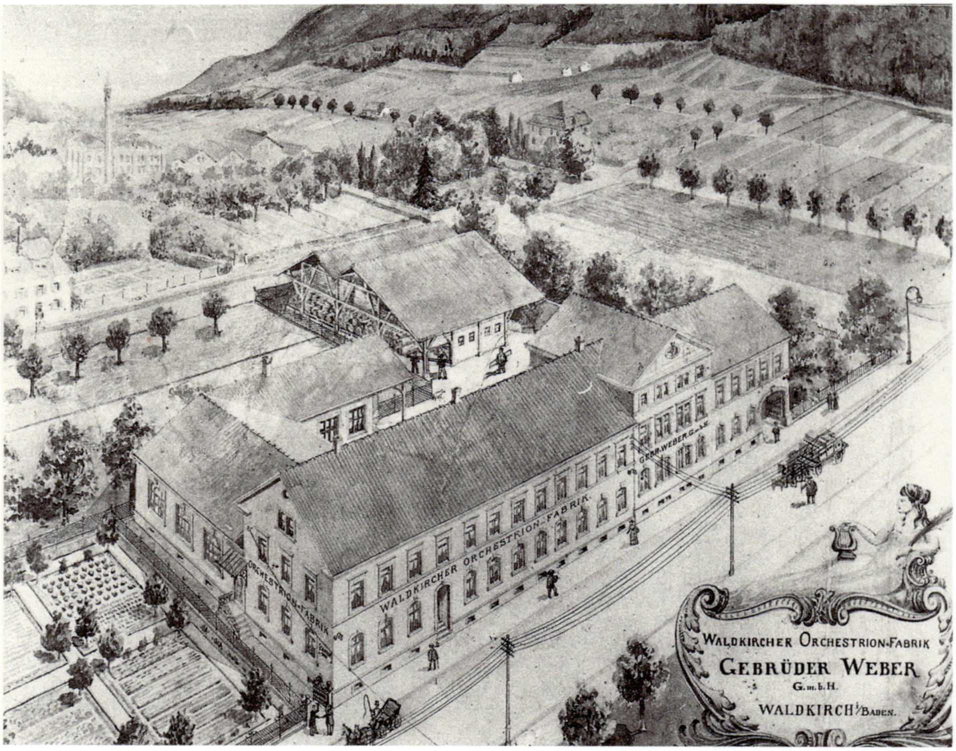

Ansicht der Orchestrionfabrik Gebr. Weber GmbH nach 1902

„DIE AUTOMATISCHE CAPELLE", um 1900

Orchestrionfabrik Gebrüder Weber GmbH, Waldkirch
Orgelwerk mit 5 beweglichen Figuren
Kartonnoten-gesteuert, Inv.Nr. O 367

1993 gelangte dieses Instrument ins Elztalmuseum. Eine sorgsame Konservierung und Restaurierung wurde von 1993 bis 1996 von der Firma Gütermann aus dem benachbarten Gutach ermöglicht. Nicht ganz 80 Jahre lang lag die automatische Kapelle in der Obhut der Familie Gütermann und war vor großen eingreifenden Veränderungen verschont geblieben. Bei 95% erhaltener Originalsubstanz kann man sich nach der Restaurierung wieder ein unverfälschtes Bild machen von der hervorragenden Qualität der Weber-Automaten. Nur die Anlage für einen Böller war nicht mehr rekonstruierbar.
Die ursprüngliche Farbgebung konnte auf einer Seitenfläche des Instruments freigelegt werden. Sie diente als Ausgangsbasis für die Rekonstruktion der farbigen Gestaltung. Die freigelegten Farbmuster sind in einem „Fenster" auf der linken Seite des Instrumentes nach der Renovierung weiterhin sichtbar. Die Eleganz des „Fin de Siècle" wird mit diesem Instrument und seinem Musikrepertoire vor unseren Augen lebendig.
Das Instrument war vom Sonnenwirt in Bleibach bei der Orchestrionfabrik Weber in Auftrag gegeben worden. Für sein Ausflugslokal hatte sich der Wirt aus dem breiten Angebot der Firma ein mittelgroßes Instrument mit 5 Figuren ausgewählt. Der Preis lag zwischen 5000 und 5500 Mark. Die automatische Kapelle wurde um die Jahrhundertwende in Waldkirch gebaut und war wohl eines der ersten Weberschen Instrumente, das nicht mehr durch Walzen, sondern durch Kartonnoten gesteuert wurde. Im Gegensatz zu den später gebauten Orchestrien hatte es ein reines Orgelwerk mit dem ein kleines Orchester imitiert wurde. Es hatte also kein Klavier als Basis wie z.B. das spätere Modell Euterpe.
Als das Gasthaus Sonne 1909 Konkurs anmelden musste, wurde der Musikautomat im Wert nahezu genauso hoch eingeschätzt wie das Gesamtvolumen des großen Gasthauses. Ab 1909 wurde die „Sonne" zusammen mit Ihrer Waldkircher Musik-Attraktion von der Brauerei Meyer & Söhne weitergeführt bis sie schließlich 1917 in den Besitz der Firma Gütermann gelangte. Als 1961 das Gasthaus veräußert wurde, verblieb die automatische Kapelle im Besitz der renommierten Firma. Im Gasthaus Adler in Gutach konnte das Instrument noch bis 1993 besichtigt werden. Der Musikautomat hatte jedoch im Lauf der Jahre viel von seiner einstigen Attraktivität und seinen Klangmöglichkeiten eingebüßt. Die farbenprächtige Fassung des Gehäuses war vermutlich bei einer Renovieraktion der Wirtsstube zum Teil abgeflammt und passend zur Farbgebung des Schankraums braun gestrichen worden. Auch manche Raffinesse des Musikwerks war im Lauf der Jahre stillgelegt worden. Das Instrument geriet mehr und mehr in Vergessenheit. Schließlich entschloss sich die Firma Gütermann, das wertvolle Instrument dem Elztalmuseum zur Verfügung zu stellen.

VIOLIN-PIANO, MODELL „UNIKA“, 1925

Firma Gebr. Weber, Waldkirch, Inv.Nr. 0 142
Pneumatisches Notenrollen-gesteuertes Klavier
mit Violinbegleitung, 69 Clavis,
zusätzlich Handspielklaviatur und Lichteffekt

Das Orchestrion mit beweglichem Leucht-Bild stand von 1925-45 im Gasthaus „Rebstock“ in Waldkirch.
Den Gehäuseaufsatz des Klaviers schmückt eine auf Glas gemalte Flusslandschaft, die ursprünglich von vier Kohlefadenlampen beleuchtet wurde. Wird das Orchestrion in Betrieb gesetzt, bewegen sich im Bild die für die damalige Zeit modernen Verkehrsmittel wie Eisenbahn, Flugzeug und Zeppelin als Schattenriss. Über einen Steg im Vordergrund marschiert die Waldkircher Narrenzunft.
Dieses Modell ist die kleinste Klavier-Geigen-Kombination der Fa. Gebrüder Weber. Als Violin-Piano Modell „Unika“ wurde es in großer Stückzahl hergestellt und konnte deshalb sehr preiswert angeboten werden (Katalogpreis: 3400 Mark). Laut Katalog der Firma ist das Instrument geeignet „für hochfeine Konzert- und Tanzmusik“.
Violin-Pfeifen-Register (Violin-Register von e^1 bis g^3),
Chromatische Tonscala mit Violin- und Bass-Koppel,
Piano-Fortschaltung und Schweller.
Antrieb mit Elektro-Motor für die Winderzeugung und Notenvorschub.
Original-Substanz 100 %.

ORCHESTRION „MAESTO", 1925

Firma Gebr. Weber, Waldkirch, Inv.Nr. 0141
88 Tonstufen, Pneumatische Notenrollensteuerung.
Antrieb: Elektromotor für Winderzeugung
und Notenvorschub.

Das Musikwerk mit Klavier und großer Orchesterbesetzung wurde als Sonderanfertigung für den Gasthof „Bayersepple" in Waldkirch gebaut. Die geringe Raumhöhe des Vereinslokals musste beim Bau des Instrumentes berücksichtigt und die Möglichkeit zum Handspiel eingerichtet werden. Das Klavier mit dem Steuermechanismus steht getrennt von den Instrumenten, die hinter einem Schwellwerk angeordnet sind.
Das große Orchestrion für Konzert- und Tanzsaal vermittelt besonders naturgetreu den Klang eines Salon-Orchesters mit Piano, Violine, Flöte, Klarinette, Trompete, Cello, Saxophon, Lotusflöte, Jazztrompete und Xylophon. Der reiche Klang wird durch die besondere Anordnung der Instrumente und die fein abgestuften Tremoli erreicht. Zur ausgezeichneten musikalischen Wirkung tragen auch die hervorragenden Arrangements von Gustav Bruder bei. 1927 kostete das Maesto laut Verkaufsliste 18.000 sFr.

88 Clavis.
Vollchromatische Tonscala.
Schlagwerk,
2 Schwellwerke und verschiedene Koppelschaltungen.
10 Register:

1. Klavier	
2. Violinen (2-fach)	*Imitation*
3. Cello	*Imitation*
4. Klarinette	*Imitation*
5. Querflöte/Piccolo	*(Original)*
6. Lotosflöte	*(Original)*
7. Trompete	*Imitation*
8. Saxophon	*Imitation*
9. Jazztrompete	*Imitation*
10. Xylophon	*(Original)*

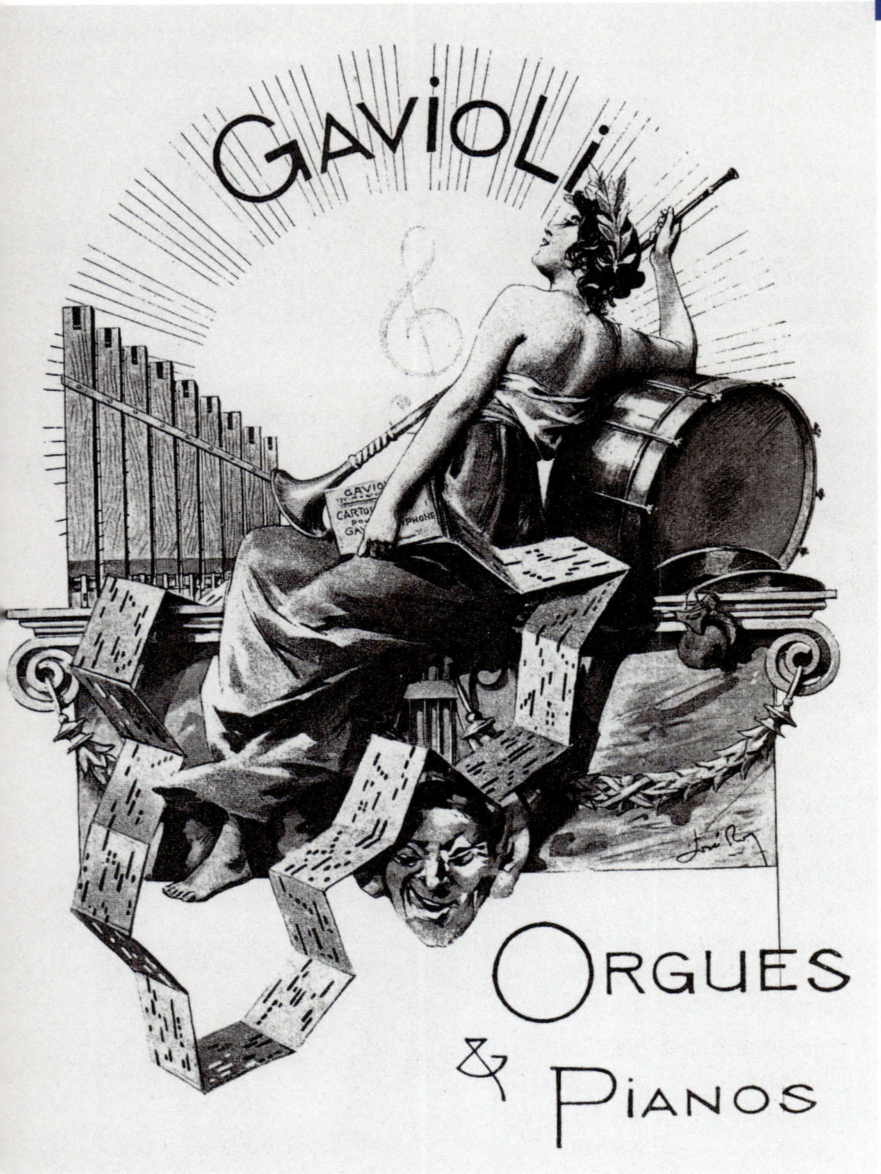

INTERNATIONALER ORGELBAU IN WALDKIRCH

Das internationale Ansehen des Waldkircher Orgelbaus mit seinen hervorragend ausgebildeten Handwerkern zog auch ausländische Firmen in die Amtsstadt.

A.GAVIOLI & CIE., PARIS

1896 errichtet die große und renommierte Orgelbaufirma Gavioli aus Paris eine Zweigniederlassung in Waldkirch. Richard Bruder, ein Nachfahre des Uhrenignaz, vermietet Gavioli einen Saal hinter seiner Gastwirtschaft zum „Rebstock“ als Arbeitsraum und wird Direktor der Niederlassung. Dadurch profitiert Gavioli nicht nur von dem in Orgelbaukreisen angesehenen Namen Bruder, sondern auch von den gut ausgebildeten Waldkircher Handwerkern. Doch auch die Waldkircher Firmen ziehen Nutzen aus der französischen Konkurrenz. Das moderne, von Gavioli entwickelte kostengünstige Notenbandsystem wird zunächst nur zögernd von den alteingesessenen Firmen übernommen, sichert ihnen dann aber die Konkurrenzfähigkeit auf dem Weltmarkt. 1908 zwingen wirtschaftliche Schwierigkeiten das Stammhaus, die Waldkircher Filiale zu schließen.

LIMONAIRE FRÈRES, PARIS

1908 übernimmt die Firma Limonaire Frères aus Paris von Richard Bruder die Räume wie auch die Angestellten der von Gavioli geschlossenen Niederlassung in Waldkirch.
Die Geschäftslage entwickelt sich so gut, dass 1912 Grundstücke für einen Neubau erworben werden. 1914 sind 12 Personen in der Niederlassung beschäftigt.
Während des 1. Weltkrieges wird die französische Niederlassung unter Zwangsverwaltung gestellt. Bei Kriegsende wird die Filiale der französischen Firma zurückerstattet, doch die Produktion wird nicht wieder aufgenommen.

KONZERTORGEL, 1907
A.Gavioli & Cie Paris,
Filiale Waldkirch, Inv.Nr. O 457

89/4 Tonstufen
umfangreiches Musikrepertoire,
großenteils von
Gustav Bruder arrangiert.
Weitgehend im Originalzustand
erhalten

Die in Waldkirch gebaute Orgel trägt die Handschrift von Richard Bruder, der die Filiale der Firma Gavioli geleitet hatte. Das Instrument steht für eine gelungene Synthese französischer und deutscher Orgelbaukunst. Das Klangbild ist französisch geprägt. Die Konzertorgel ist vermutlich eine der letzten großen Musikwerke, die ein Jahr vor der Schließung noch in der Waldkircher Filiale gebaut wurden.
Über München ging das Instrument nach England. Im Jahr 2000 gelang es der Stadt Waldkirch, die 89er Gavioli wieder zurück zu kaufen.

Disposition:
1. Gedeckt (Bourdon) 8'
2. Cello 8' Teilregister
3. Klarinetten (Melodie) 8' Teilregister
4. Violinen 8' Teilregister
5. Piccolo 2' Teilregister
6. Glockenspiel 1' Teilregister
7. Gedeckt Bass 8' Teilregister
8. Kontrabässe 16' Teilregister
9. Bombarden 16' Teilregister
Große und kleine Trommel

SCHAUSTELLERORGEL, 1910

Limonaire Frères Paris, Filiale Waldkirch
Inv.Nr. O 132

50 Tonstufen
Pneumatische Karton-Notensteuerung
Chromatische Ton-Scala im Diskant-Bereich
Schwungradantrieb (elektrisch)

Französische Disposition:
1. Gedeckt (Bourdon) 8'
2. Gedeckt-Oktave 4'
3. Cello (1-fach) 8'
4. Violine (2-fach) 4'
5. Alt-Flöte 8'
6. Clarinette 4'
7. Bombarden 16' (8 Stück)
8. Oktav-Bässe 8' (8 Stück)
Große und kleine Trommeln
Original-Substanz 90 %

CARL FREI

1884 wird Carl Frei sen. in Schiltach geboren. Er wächst in Waldkirch auf und erhält dort 1893 aufgrund seiner bemerkenswerten Musikalität an der Musikschule Unterricht.
1898 beginnt er bei Wilhelm Bruder Söhne eine Ausbildung als Musikzeichner. 1901 wechselt er zunächst zu der Niederlassung von Gavioli in Waldkirch und dann zur Stammfirma nach Paris. 1902 arbeitet er als Musikzeichner für Mortier in Antwerpen.
1910 gründet Carl Frei in Antwerpen einen eigenen Betrieb, der bei zunehmendem Erfolg 20 Mitarbeiter beschäftigt. Während des 1. Weltkrieges wird sein Betrieb als Feindvermögen eingezogen.
1920 baut er erneut eine eigene Orgelfabrik in Breda auf, die zum bedeutendsten Unternehmen Hollands wird. In diesen sehr erfolgreichen Jahren entwickelt er für große Straßen- und Karussellorgeln neue Klangmöglichkeiten und baut um 1930 mit der „Neunziger“ den wohl berühmtesten Drehorgeltyp seiner Werkstatt. 1939 setzt wiederum der Krieg einen Schluss-Strich unter das gut gehende Unternehmen.
1946 zieht Frei nach Waldkirch und baut erneut eine Orgelfabrik auf. Zunächst richtet er sich im Saal des „Rebstock“ ein und tritt damit in diesen Räumen die Nachfolge der Firma Gavioli an. Sein Sohn Carl Frei junior, der 1912 in Antwerpen geboren und vom Vater in die Geheimnisse des Handwerks eingeweiht worden war, führt bis 1995 den väterlichen Betrieb in der Kandelstraße in Waldkirch weiter. Mit dem Tod von Carl Frei junior wird die Firma aufgelöst.

Carl Frei sen. bei der Arbeit als Musikzeichner

unten: Große Straßenorgel, Carl Frei sen., um 1925 in Breda gebaut

KATZENORGEL, WALDKIRCH 1995

Carl Frei junior, Sonderanfertigung für das Elztalmuseum, 20 Tonstufen

Es ist eine typische Orgel von Carl Frei junior. Bei der äußeren Gestaltung wurde erstmals der Schritt in die Moderne gewagt. Der renommierte Künstler Otmar Alt übernahm 1996 die Gestaltung.

Im Auftrag der Stadt Waldkirch fertigten die vier Orgelbauwerkstätten in Gemeinschaftsarbeit zum 200jährigen Jubiläum des Waldkircher Orgelbaus nach dem Entwurf des bekannten Künstlers Otmar Alt eine Großorgel, welche die traditionellen Wege verlässt.
Das mechanische Klangkunstwerk setzt neue Maßstäbe im Erscheinungsbild. Beschränkte sich die Gestaltung der traditionellen Großorgeln auf eine dem Instrument vorgeblendete Fassade, so wird bei der Altobella Furiosa das Musikwerk selbst mit seiner Mechanik und den Klangkörpern zu einem wichtigen Element des Gesamtkunstwerks und ist von allen Seiten zu erschließen.
Mit diesem neuen ungewöhnlichen Instrument wird im Jahr des 200jährigen Jubiläums der Blick auf die Zukunft gerichtet. Die Tradition zu pflegen soll eben nicht heißen: verharren im Althergebrachten. Schon im letzten Jahrhundert stellten es alle Waldkircher Orgelbauer immer wieder unter Beweis, dass nur ein stetiges, der Zeit entsprechendes Weiterentwickeln handwerklicher und musikalischer Möglichkeiten letztendlich zum großen Erfolg führen kann. So waren alle in Waldkirch gebauten Instrumente auf der Höhe ihrer Zeit und ihr musikalisches Repertoire umfasste die damals zeitgenössischen Kompositionen.

ALTOBELLA FURIOSA, 1999
Inv.Nr. O 397
Gemeinschaftsarbeit der Waldkircher Orgelbauwerkstätten Rainer Pitt, Wolfram Stützle, Paul Fleck Söhne sowie Jäger & Brommer.
Gestaltung: Otmar Alt
43 Ton- und Schaltstufen, Kartonnoten-Steuerung

ALFRED BRUDER
WALDKIRCH

4 HISTORICAL REVIEW OF THE ORGAN CONSTRUCTION IN WALDKIRCH

The history of the construction of musical instruments in Waldkirch started with the organ builder Mathias Martin a representative of the Silbermann organ building school – who set up his workshop in Waldkirch in 1799.
When Ignaz Bruder – who had worked for a time in Mathias Martin's business and established the construction industry of musical instruments that was to become world-famous – settled in Waldkirch in 1834, he had already reached a position of considerable wealth. As early as 1816 the builder of musical clocks, Ignaz Blasius Bruder, had acquired a piece of land in the adjacent village of Altsimonswald on which he built an imposing residential building as well as two spacious workshops. Here he is said to have run a very successful musical clock business.
In 1841 his son Andreas, who had been an organ builder in Altsimonswald for several years, moved his workshop to Waldkirch and the centre for the serialised production of musical clocks and barrel organs developed with the help of his five sons. In the time after 1845 the demand for bigger instruments for use by showmen increased leading to the foundation of new businesses in the line.
Thus in addition to the company of the Bruder brothers the famous firms of A.Ruth & Sohn. Ignaz Bruder Söhne and Wilhelm Bruder Söhne were set up. In 1896 the well-know French producer of organs Gavioli opened a branch in Waldkirch which was taken over by the successor company of Limonaire Frères form 1908 until the beginning of the First World War. The company Gebrüder Weber, known throughout the world for its orchestrions, also had its seat in Waldkirch.
Caused by the world economic crisis and the rapid decline in the show-trade's demand for the comparatively expensive organs as the much cheaper amplifier systems became available the last organ builder closed his business in 1937.
After a difficult period of ten years, spanning the war and the early post-war years, the organ builder Carl Frei who had emigrated from Waldkirch in 1902 returned to his native town to start a new business together with his son Carl Frei jun. Once again organs built in Waldkirch found a market.
In the last few years new organ building businesses have sprung up in Waldkirch. With the construction of church organs as well as barrel organs the young organ builders continue the more than 200-year-old tradition of organ construction in Waldkirch.

IGNAZ BLASIUS BRUDER (1780–1845) Ignaz Blasius Bruder, the founder of the Waldkirch mechanical music works, was born in 1780 in Unterharmersbach near Zell, and was the son of a blacksmith. His professional development was legendary, from journeyman mason to musical clock maker. He taught himself the technology of musical clocks. On a trip to Lorraine he was able to get a look at the Mirecourt organ builders' mechanical music works. One presumes that he had received valuable knowledge about the craft of church organ construction from his colleague Mathias Martin, with whom he had worked for a time and who had lived in Waldkirch since 1799.
In 1804 Ignaz Bruder worked in Simonswald as a musical clock maker. Since 1806 he constructed, with growing success, barrel organs that did not use a clock mechanism, and was the first in the Black Forest to construct barrel organs on a larger scale. The financially successful business allowed him to build a house with two workshops in Untersimonswald (for the 5 sons that he had with Maria Anna Siefert, whom he married in 1807; all of his sons learned his craft.)

In 1829 he wrote a handbook on the construction of organ and musical works based on his knowledge and experience for his five sons. In 1834 Ignaz Blasius Bruder and his son Ignaz became residents of Waldkirch. The oldest son, Andreas continued to work independently in Simonswald.
When the oldest son moved his workshop to Waldkirch, all five sons were once again working with their father. Thus the first larger centre for the standardized production of all kinds of musical clocks was established. The instruments manufactured there were in demand all over the world.
In the later years of his life, the tinkerer Ignaz spent most of his fortune in developing a less successful mechanical hemp-spinning machine.
Ignaz Bruder died on April 13th., 1845 as a respected musical works builder in Waldkirch.

THE BRUDER DYNASTY Ignaz Bruder, craftsman of musical works and organ building, had 15 children. Seven died young. The five sons that reached adulthood all learned their father's trade.

ANDREAS BRUDER (1807-1859)

Organ builder resided and had a workshop in Simonswald. After 1841 he moved to Waldkirch and worked together with his father. He took over his father's property in Waldkirch. He was the first son in organ building.

XAVER BRUDER (1808-1888)

He was not an organ builder; rather, like his father, he was a successful businessman and a respected town councillor. He lived and set up his workshop in a former sexton's building. He had no offspring.

WILHELM BRUDER (1819-1882)

He was an organ builder with residence and his own workshop in Adenauer Street 11. He had three sons who continued the organ building tradition.

CARL BRUDER (1823)

Organ builder. He moved to Petersburg in 1847 and became court appointed clock winder at the Tsar's court.

IGNAZ BRUDER II (1825-1891)

Organ builder. He also moved to Petersburg. Due to his wife's poor health he returned in 1860. They had three sons who worked in organ construction.

Next, the sons worked in their own workshops, but divided up the jobs between themselves.
In 1864, three of the siblings living in Waldkirch joined to the company 'Gebrüder Bruder' and erected a large factory.
Xaver Bruder did not participate in the company formation as he had at this time already withdrawn from business life.

THE GRANDCHILDREN As only the youngest son of a family could follow in the family buisiness, out of the sons of the 3 company founders two additional companies were founded. Thus the grandchildren of Ignaz Blasius Bruder had three independent companies:

PRODUCTION FIGURES OF THE THREE COMPANIES IN 1880:

Gebrüder Bruder
Around 100 instruments delivered worldwide

Ignaz Bruder Söhne
59 instruments (Berlin, Russia, France)

Wilhelm Bruder Söhne
50 instruments (Germany, France, Russia)

In 1888 the three Bruder companies employed 53 people and completed about 400 instruments per year, delivered around the world. Street organs were very popular until 1923. The worldwide economic crisis, as well as the introduction of record players and radios caused business to slow down. The last Bruder company was taken off the trade register in 1941.

A. RUTH & SON
FAMILY ORGAN FACTORY IN WALDKIRCH

Company founder Andreas Ruth was born in 1813 in Waldkirch, the son of a worker. He was trained as a musical clock maker by Christian Mukle in Furtwangen, and by Xaver Bruder in Waldkirch.
In 1842 his company was founded, producing mechanical figures for organs, dulcimers and a form of barrel-piano; later on the construction of barrel-organs was added.
After 1870 they produced large carousel and fair ground organs, which made the company famous due to their brilliant sound.
In 1884 a new factory building was erected close to the train station, helpful for the construction of large organs, which were made with painstakingly produced facades. The construction of these large organs was due to the successful leadership of son Adolf.
The company kept onto their traditional sound, despite the increasingly popular French innovations and tastes. In 1908 Adolf II Ruth, a trained organ builder, followed in his father's footsteps. After the end of the war, the business slowly came to a halt. Adolf II Ruth, the last president of the company, died in 1938.

GEBRÜDER WEBER GMBH, ORCHESTRION FACTORY

Company founder August Weber was born in Waldkirch on the 22nd of September, 1861. He was trained at the orchestrion factory Wellenburg in Vöhrenbach. He received his first work experience at the renowned companies Imhof & Muckle and Schönstein. In 1883, when he was only 22 years old, he and his brother Hermann founded their own orchestrion workshop in their parent's house. Soon afterward, his brother withdrew from the company. The business grew quickly, and employed 18 workers. The output was determined not by specialty jobs, but rather by standardized scales. Increasing demand could now be met by a rational and cost-efficient production. In 1896, the company was turned into a corporation and Stollwerk became a partner. The last barrel orchestrion was built in 1902. After the purchase of new factory facilities, the production of cardboard note controlled orchestrions began. All models were then built only with the piano as instrument. Participation in the 1904 St. Louis World Fair brought about an increase in business. Due to great demand, representatives in domestic and foreign markets were established. In 1913 Gustav Bruder joined the company as music score writer and technical advisor. Thanks to his broad musical abilities and excellent accompaniments, the company's instruments acquired legendary tone variety. In 1918 the company founder, August Weber, died. His son Otto became the director of the company, along with his brother-in-law, Jäger. After the war, order contracts were signed with the renowned piano manufacturers Förster and Feurich. In 1931, during the world wide economic crisis, the flourishing company was forced to file for bankruptcy due to the inability of clients to pay for 76 orders. The company was dissolved and many valuable papers were destroyed. Otto Weber died in 1973.

INTERNATIONAL ORGAN BUILDING IN WALDKIRCH

The international reputation of the Waldkirch organ building industry with its excellent craftspeople brought several foreign companies into town.

A. GAVIOLI & CO, PARIS

In 1896, the large, renowned organ construction firm, Gavioli, from Paris, opened a branch in Waldkirch. Richard Bruder, descendant of the clock maker, rented Gavioli a room at the back of his restaurant, the "Rebstock" ("Vine"), to be used as a workshop. Bruder became director of the branch. Gavioli profited from this connection with the Bruder name not only in organ circles, but also with local skilled craftspeople. However, the Waldkirch companies also profited from the French competition. Gavioli's modern, cost-efficient note band system was grudgingly used by the more traditional companies, but secured them competitiveness on the global market. In 1908 economic difficulties at the home office in Paris forced the Waldkirch branch to close.

LIMONAIRES FRERES, PARIS

In 1910 the Parisian company Limonaires Freres took the branch closed by Gavioli over from Richard Bruder. The former employees were also rehired. By 1908 the business was doing so well that a new building was in the works.
In 1914 12 employees were working at the branch. During the First World War, the French branch was let go and a different administration was forced onto the branch. By the end of the war, the French branch was returened to them. In 1924 the branch was stricken from the pages of the company register.

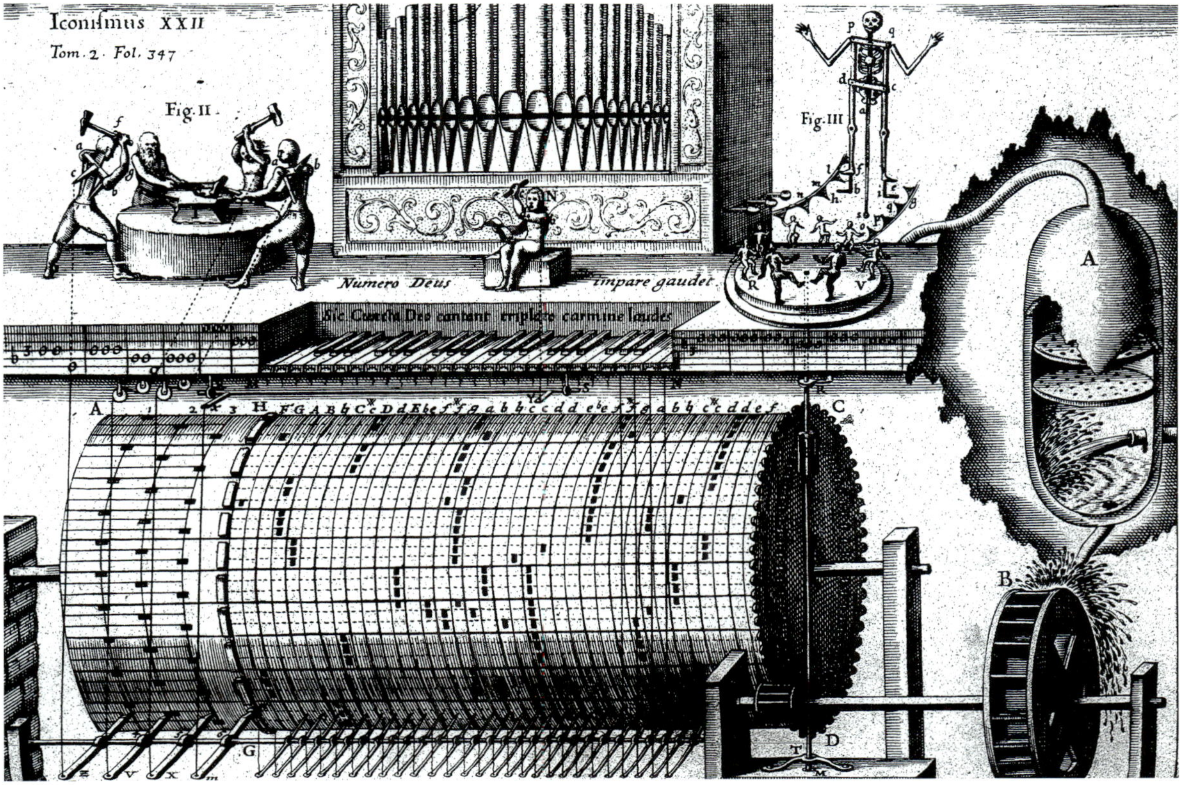

Idealplan einer wassergetriebenen, walzengesteuerten mechanischen Orgel von Athanasius Kircher; aus: Musurgia universalis, Rom 1650

CARL FREI (1884 Schiltach - 1967 Waldkirch)
Carl Frei was born in Schiltach in 1884, and grew up in Waldkirch. In 1898 he began his training as a music writer at Wilhelm Bruder and Sons. In 1901 he switched to the Gavioli branch in Waldkirch, and later went to Paris. In 1902 he worked with Gavioli in Paris and later became the music writer at Mortier in Antwerp. In 1910 Carl Frei founded his own business in Antwerpen, which slowly grew into a larger concern employing 20 workers. During the First World War, his company was retracted as enemy property. From 1920 until 1944 he directed the only organ factory in Breda, which later became one of the most important companies in Holland. In 1939 the beginning of the war led to another closing of the prospering company. In 1946 Frei moved to Waldkirch and began another organ construction workshop, first in the "Rebstock" room. His son, Carl Frei Junior, born in 1912 in Antwerp, and was initiated into the secrets of the craft, and to this day directs the company. The special sound quality of his barrel organs that Carl Frei prided himself on was very popular in Holland. Also, his countless compositions and arrangements for barrel organs made him famous.

Etched by R.B.Peake.

WATER CARRIER &c.

Published for William Fearman, Library, New Bond Street Jan.y 1819.

4 COURTE HISTOIRE DE LA FACTURE D'ORGUES À WALDKIRCH

L'histoire de la facture de mécaniques musicales à Waldkirch commence avec le facteur d'orgues d'église Mathias Martin, représentant de l'école de facteurs d'orgues de Silbermann, qui transféra en 1799 son entreprise à Waldkirch.
Lorsque Ignaz Bruder, collaborateur temporaire de Mathias Martin et créateur d'une industrie des mécaniques musicales appelée à être connue dans le monde entier, s'installa en 1834 à Waldkirch avec quatre de ses cinq fils, il vivait déjà dans une grande opulence. Le facteur de boîtes à musique Ignaz Blasius Bruder avait tout de même pu acquérir dès 1816 un terrain dans le village voisin d'Altsimonswald et y faire bâtir une imposante demeure avec deux vastes ateliers.
Il doit y avoir fait de bonnes affaires dans la facture de boites à musique alors très répandue dans le sud de la Fôret Noire.
En 1841, son fils aîné Andreas, qui travaillait depuis quelques années comme facteur d'orgues indépendant, transféra lui aussi ses ateliers d'Altsimonswald à Waldkirch, de sorte que c'est ici – par le travail en commun des cinq fils avec leur père – qu'apparut, dès cette époque, le premier grand centre de fabrication en série de boîtes à musique et d'orgues de Barbarie en tout genre.
Après 1845 se manifesta un besoin nettement croissant et tout à fait nouveau d'instruments plus grands pour les forains, phénomène qui conduisit à la création de nouvelles entreprises dans cette branche.
C'est ainsi qu'apparurent ici – à côté de l'équipe des frères Bruder - les célèbres firmes A. Ruth & Fils , Ignaz Bruder Fils et Wilhelm Bruder Fils. En 1896, la maison Gavioli, la plus importante fabrique française d'orgue pour forains, ouvrit elle aussi à Waldkirch une filiale qui de 1908 à la Première Guerre mondiale fut conduite par l'entreprise Limonaire Frères qui en avait pris la succession.
La firme de frères Weber, mondialement connue pour ses orchestrions, avait elle aussi son siège à Waldkirch.
Conséquence de la crise économique et de l'intérêt en déclin rapide des forains pour des orgues relativement cher, au profit d'appareils à haut-parleurs, incomparablement meilleur marché, la dernière entreprise de facture d'orgues dut fermer en 1937.
Après une crise de dix ans – conséquence, des années de guerre et d'après-guerre – le facteur d'orgues Carl Frei, qui avait quitté Waldkirch en 1902, réussit à prendre à Waldkirch, sa ville natale, avec son fils Carl Frei junior, un nouveau départ.
Peu après, quelques orgues quittaient de nouveau la ville des facteurs d'orgues de Waldkirch. Et c'est Carl Frei junior qui dirige jusque 1995 l'artisanat de l'orgue de Barbarie à Waldkirch. Ces dernières années sont apparus à Waldkirch de nouveaux quattre ateliers de facture d'orgues.
Les jeunes facteurs sont orientés vers la facture d'orgues d'église, mais également vers celle d'orgues de Barbarie et perpétuent ainsi la tradition désormais presque bicentenaire de la facture d'orgues à Waldkirch.

IGNAZ BRUDER – UN ASTUCIEUX HABITANT DE LA FORÊT NOIRE. Ignaz Bruder est un des plus importants fabricants d´instruments de musique mécaniques (1780-1845) et un exemple impressionnant de bricoleur de la forêt noire. C'est un autodidacte qui s'est servi de la réalité de la forêt noire et des documents dans les cloîtres, ceci soi-disant aussi à Mircourt, pour créer son propre métier qui connaîtra un fort succès.

Ignaz est un exemple révélateur d'un citoyen sûr de lui, qui s'est servi des changements sociaux et qui a conquiert sa position de pionnier dans la construction d'automates avec sa propre force, et ce en dépit de ses origines modestes. Il a astucieusement compris comment lier son métier, la musique et la technique au succès économique.

En 1804 il commence à Simonswald la construction de l'horloge à flûte, magnifiquement dotée d'automates. Il pose ainsi les bases financières et intellectuelles d'une histoire familiale forte de quatre générations, couronnée de succès. Le succès économique permet au fils d'un pauvre forgeron de construire en 1816 sa propre maison avec un atelier à Simonswald.

Bien que couronné de succès, le constructeur d'horloges à flûte veut aller encore plus loin. Il veut rendre l'association entre la musique et la mécanique plus harmonieuse, et élargir l'éventail sonore. Il renonce bientôt à un atelier d'horlogerie trop encombrant pour un atelier de fifres riche et varié. A partir de 1806 il construit également avec un succès croissant un atelier d´un nouveau type d´automates : les pendules à mouvement à orgue, sans chronomètre, et finalement les orgues de Barbarie. Ses orgues à cylindres dans le style d'une petite commode Biedermeier et dotés d'automates comme l'était son horloge à flûte décorent le salon d'un citoyen fortuné, mais sont également l'attraction de la salle de restaurant d'un hôtelier réputé. Ces instruments de musique mécaniques très coûteux peuvent valoir jusqu'à 150 florins. Devenu riche, il achète en 1834 son droit de cité en tant que citoyen de la ville de Waldkirch, et achète une imposante maison. Il y fonde avec ses fils le premier centre pour la construction d'instruments de musique mécaniques. Soucieux de transmettre son savoir sur la construction d'orgues et d'instruments de musique à ses descendants, Ignaz écrit en 1829 un livre contenant des directives techniques et des descriptions détaillées. L'entreprise familiale dynamique prospère et connaît également un bon écho en dehors de Waldkirch. Elle produit de petits et grands automates musicaux, concerts et kermesses d'orgue, qui connaît déjà des débouchés au 19è siècle en Europe. « Made in Waldkirch » est devenu un véritable symbole.

LES FILS DE LA DYNASTIE DES BRUDER Le métier de facteur d'instruments de musique et d'orgues a été poursuivi par les cinq fils de Ignaz Blasius Bruder. En 1864, trois des fils de la famille qui vivent à Waldkirch s'associent à l'entreprise Gebrüder Bruder et construisent une usine.

ANDREAS BRUDER (1807-1859)

Facteur d'orgue avec un immeuble et un atelier tout d'abord à Simonswald. Il part habiter en 1841 à Waldkirch et travaille en collaboration avec son père. Il reprend la propriété de son père à Waldkirch. Son fils sera également facteur d'orgue.

XAVER BRUDER (1808-1888)

Il ne devient pas seulement facteur d'orgue, mais aussi comme son père un riche homme d'affaire, ainsi qu'un membre du conseil municipal estimé. Il installe son appartement et son atelier dans un Kustoreigebäude. Il meurt sans laisser de descendance.

WILHELM BRUDER (1819-1882)

Facteur d'orgue avec un immeuble et son propre atelier au numéro 11 de la rue Adenauer. Ses trois fils poursuivront la tradition de facteur d'orgue.

CARL BRUDER (1823)

Ce facteur d'orgue qualifié part en 1847 à Saint-Pétersbourg et obtient dans la cour du Tsar la fonction de remonteur d'horloge de la cour.

IGNAZ BRUDER (1825-1891)

Il part également comme facteur d'orgue qualifié à Saint-Pétersbourg. Mais il revient en 1860 à cause de problèmes de santé de sa femme. Ses trois fils apprennent tous le métier de leur père.

LA DESCENDANCE DE LA DYNASTIE DES BRUDER La descendance a également pris soin de la tradition du métier de la dynastie des Bruder. La règle veut que seul le plus jeune fils d'une des familles puisse reprendre l'entreprise. Deux autres firmes sont donc construites dans la génération des petits-fils. L'activité industrielle est florissante.

Les orgues des Bruder seront estimés dans le monde entier. En 1880, l'entreprise des frères Bruder livre environ 100 instruments dans le monde entier. L'entreprise Fa.Ignaz Bruder Söhne, qui fabrique environ 59 instruments par an, livre essentiellement à Berlin, mais aussi en Russie et en France. Les débouchés de l'entreprise Fa.Wilhelm Bruder Söhne, qui a une production annuelle de 50 instruments, s'étend en Allemagne, en France et en Russie.

Avec la croissance de la demande, les trois lieux de production d'orgue augmentent considérablement dans les années qui suivent leurs chiffres de production. En 1888, 53 employés au total fabriquent environ 400 instruments avec le nom de Bruder, exportés dans le monde entier.

Comme les firmes Bruder sont particulièrement dépendantes de l'exportation, la première guerre mondiale tout d'abord puis la crise économique mondiale ébranlent les fondements solides des trois firmes. Les inventions telles que le tourne disque ainsi que la radio deviennent une grosse concurrence, si bien que les firmes sont obligées de fermer les unes après les autres. La dernière firme a été effacée du registre du commerce en 1941.

ALFRED BRUDER (1889-1937)

Fils de Richard Bruder et descendant de l'entreprise horlogère d'Ignaz. Il fonde sa propre entreprise à Waldkirch dans laquelle il construit des orgues de manège.

GUSTAV BRUDER (1890-1971)

Le dernier de la tradition des descendants de l'entreprise horlogère d'Ignaz est surtout connu en raison de ses remarquables arrangements pour orchestres.

RICHARD BRUDER (+1920)

Arrière petit-fils de l'entreprise horlogère d'Ignaz devient en 1908 directeur de la succursale de Waldkirch des Frères Limonaires à Paris.

A.RUTH & SOHN
L'USINE DE CONSTRUCTION D'ORGUE, WALDKIRCH

Le fondateur de l'entreprise, Andreas Ruth, fils de travailleur journalier, est né en 1817 à Waldkirch. Il suit sa formation de fabricant de boîte à musique chez Christian Muckle à Furtwangen et chez Xaver Bruder à Waldkirch.

En 1841, date de la fondation de l'entreprise, sont surtout fabriquées, en sous-traitance, des figurines mécaniques mais aussi des tympanons et une sorte de piano pivotant.

Ruth se spécialise plus tard dans la construction d'orgues de barbarie.

Après 1870, de plus en plus de grands orgues de manèges et d'orgues de foire seront fabriqués. La construction de ces grands orgues avec plus de 30 sons différents a amené le succès à cette entreprise, placée depuis 1875 sous la direction du fils Adolf.

En 1884, une nouvelle usine décorée luxueusement, située à proximité de la gare, est construite pour la construction de grands orgues.

En 1908, Adolf Ruth Junior prend la suite de son père dans l'entreprise en tant que facteur d'orgue qualifié. Ses arrangements soignés, bien conçus, fidèles amènent à la firme une certaine reconnaissance.

Après la fin de la première guerre mondiale, plus rien ne peut arrêter le déclin de l'entreprise autrefois florissante.

En 1938, le dernier propriétaire de la firme meurt avec le petit-fils de Adolf Ruth. L´entreprise ferme alors.

GEBRÜDER WEBER GMBH, USINE D'ORCHESTRIONS

Le fondateur de l´entreprise August Weber est né à Waldkirch le 22 septembre 1861. Il remplit sa formation chez les fabricants d'orchestrions Wellenburg à Vöhrenbach. Il connaît sa première expérience professionnelle dans la renommée entreprise Imhof & Muckle und Schönstein.

Le jeune homme de 22 ans fonde avec son frère Hermann en 1883 sa propre usine d'orchestions dans la maison parentale. Son frère se retire bientôt de l'entreprise. L'entreprise croît rapidement et emploie 18 personnes.

Il ne produit pas de fabrication exceptionnelle qui demande beaucoup de temps, mais des modèles solides avec des gammes standardisées. Sa production rationalisée et peu coûteuse lui permet de réagir rapidement à la demande croissante. En 1896, la firme se transforme en SARL. Stollwerk devient associé. En 1902, le dernier orchestrion à valse est construit. Avec l'achat de nouveaux locaux de l'usine dans la Bismarkstrasse commence la fabrication d'orchestres articulés par des lames de carton. Tous les modèles seront construits seulement avec des pianos. La participation à l'exposition universelle de Saint-Louis en 1904 a apporté un nouvel essor. Face à la forte demande, d'autres représentations seront organisées sur le territoire national mais également à l'étranger. En 1913, Gustav Bruder intègre la firme en tant qu´arrangeur musical et conseiller technique. Ses grandes connaissances musicales et ses excellents arrangements ont permis de développer la légendaire diversité de tons des instruments de l'entreprise.

Le fondateur de la firme August Weber meurt en 1918. Son fils Otto reprend la firme avec son beau-frère Jäger. Après la guerre, des contrats de livraison sont conclus avec les usines de pianos réputées Förster et Feurich.
En 1931, pendant la crise économique mondiale, l'entreprise florissante qui emploie alors 76 personnes, doit déposer le bilan suite à des difficultés financières de ses clients.
La firme ferme et beaucoup de documents techniques précieux sont détruits. Otto Weber meurt en 1973.

LA CONSTRUCTION INTERNATIONALE D'ORGUES À WALDKIRCH La réputation internationale de la construction d'orgues de Waldkirch avec ses éminents artisans attire également des entreprises étrangères dans la ville.

A.GAVIOLI & CO., PARIS

En 1896, la grande et réputée entreprise de fabrication d'orgues Gavioli de Paris construit une succursale à Waldkirch. Richard Bruder, un descendant de l'entreprise horlogère d'Ignaz, loue à Gavioli une salle derrière son restaurant « zum Rebstock » comme salle de travail et devient directeur de la succursale.
Gavioli ne profite pas seulement de la renommée du nom Bruder dans le milieu de la construction d'orgue, mais également des artisans de Waldkirch formés.
Les entreprises de Waldkirch tirent également profit de la concurrence française.
La portée écrite sur une bande développée par Gavioli et bon marché est tout d'abord adoptée avec parcimonie, mais assure finalement aux anciennes entreprises une compétitivité sur le marché mondial. En 1908, la maison mère est obligée de fermer la filiale de Waldkirch à cause de difficultés économiques.

LES FRÈRES LIMONAIRES, PARIS

En 1908, la firme Limonaire Frères de Paris reprend les locaux de Richard Bruder, ainsi que les employés de la succursale fermée de Gavioli à Waldirch.
Les affaires sont si prospères, qu'en 1912 des terrains sont acquis pour une nouvelle construction. En 1914, 12 personnes sont employées dans la succursale.
Pendant la première guerre mondiale, la succursale française est placée sous administration forcée. A la fin de la guerre, la filiale de la firme française est remboursée, cependant la production ne sera plus jamais reprise.

CARL FREI

Carl Frei est né en 1898 à Schiltach. Il grandit à Waldkirch, et y bénéficie en 1893 de cours à l'école de musique en raison de sa remarquable musicalité.
Il commence en 1898 une formation de spécialiste en arrangements musicaux chez les fils de Wilhelm Bruder. Il change tout d'abord en 1901 pour la succursale de Gavioli à Waldkirch, puis pour la maison mère à Paris. Il travaille en 1902 comme arrangeur de musique pour Mortier à Anvers.
Carl Frei fonde en 1910 sa propre entreprise à Anvers, qui après un succès croissant, emploie 20 employés. Pendant la première guerre mondiale, son entreprise est saisie car considérée comme bien de l'ennemi.
Il fonde en 1920 sa propre entreprise d'orgue à Breda qui devient l'entreprise la plus importante d'Hollande. Pendant ces années prospères, il développe des nouvelles possibilités de sons différents pour les orgues de rue et de manège, et construit avec les « Neunziger » vers 1930 le modèle d'orgue de barbarie de son atelier le plus connu.
En 1939, la guerre lui fait de nouveau tirer un trait sur son entreprise prospère. Frei déménage en 1946 à Waldkirch pour construire une nouvelle usine d'orgue. Il s'installe d'abord dans la salle « zum Rebstock » et reprend la succession de la firme Gavioli dans ces locaux. Son fils Carl Frei Junior, né en 1912 à Anvers et introduit par son père aux secrets du métier, dirige jusqu'en 1995 l'entreprise paternelle dans la Kandelstrasse à Waldkirch.

LITERATURVERZEICHNIS
AUSWAHL

BAILLY, CHRISTIAN: Automaten. Das goldene Zeitalter 1848-1914. München 1988

BASSERMANN-JORDAN, ERNST: Alte Uhren und ihre Meister. Leipzig 1926

BENDER, GERD: Die Uhrmacher des hohen Schwarzwaldes und ihre Werke, Bd. 1. Villingen 1975 (4. Aufl. 1998)

BORMANN, KARL: Orgel- und Spieluhrenbau. Kommentierte Aufzeichnungen des Orgel- und Musikwerkmachers Ignaz Bruder (1829) und die Entwicklung der Walzenorgeln. Zürich 1968

BRUDER, IGNAZ: Handbuch des Orgelbaus, Waldkirch 1829

CHAPUIS, ALFRED / DROZ, EDMOND: Automata. Neuchâtel 1958

COCKAYNE, ERIC V.: The Fairground Organ. London 1970

Computer. Gehirn. Was kann der Mensch? Was können die Computer? Begleitpublikation zur Sonderausstellung im Heinz Nixdorf MuseumsForum. Paderborn 2001

DAMEN, HANS: E.T.A. Hoffmanns Weltanschauung. Marburg 1929

DERING, FLORIAN: Volksbelustigungen. Nördlingen 1986

DRUX, RUDOLF: Menschen aus Menschenhand. Zur Geschichte der Androiden – Texte von Homer bis Asimov. Stuttgart 1988

FARMER, H.G.: The Organ of the Ancients. London 1931

GENDOLLA, PETER: Die lebenden Maschinen. Zur Geschichte der Maschinenmenschen bei Jean Paul, E.T.A. Hoffmann und Villiers de L'Isle-Adam. Marburg 1980; 2. erweiterte Aufl. u.d.T.: Anatomien der Puppe. Zur Geschichte des Maschinenmenschen bei Jean Paul, E.T.A. Hoffmann, Villiers de l'Isle Adam und Hans Bellmer. Heidelberg 1992

GRANDJEAN, SERGE: Möbel, Stilgeschichte. Wiesbaden 1976

GROB, HANS: Puppen, Engel, Enthusiasten. Die Frauen und die Helden im Werke E. T. A. Hoffmanns. Bern 1984

GURLITT, CORNELIUS: Der Stil des 19. Jahrhunderts. Westdeutsches Gewerbeblatt 2, 1884

HECKMANN, HERBERT: Die andere Schöpfung. Geschichte der frühen Automaten in Wirklichkeit und Dichtung. Frankfurt am Main 1982

HEGER, HANS: 100 Jahre Datenverarbeitung, Bd.1. IBM Deutschland, Stuttgart 1990
JANßEN, BRUNHILDE: Spuk und Wahnsinn. Zur Genese und Charakteristik phantastischer Literatur in der Romantik aufgezeigt an den 'Nachtstücken' von E.T.A. Hoffmann. Frankfurt, Bern, New York 1986
JÜTTEMANN, HERBERT: Die Schwarzwalduhr, 3. Aufl., Karlsruhe 1990
JÜTTEMANN, HERBERT: Schwarzwälder Flötenuhren, Waldkirch 1991
KAHLERT, HELMUT: 300 Jahre Schwarzwälder Uhrenindustrie, Gernsbach 1986
KIRCHER, ATHANASIUS: Musurgia Universalis. Rom 1650
LANDES, DAVID S.: Der entfesselte Prometheus. Technologischer Wandel und industrielle Entwicklung in Westeuropa von 1750 bis zur Gegenwart. Köln 1973
LUTZ, BERND (HRSG.): Deutsches Bürgertum und literarische Intelligenz 1750 - 1800. Stuttgart 1974
MEITZEN, AUGUST: Über die Uhrenindustrie des Schwarzwaldes. Erweiterter Nachdruck in: Alemannia 28 (ZFreiburgGV 16), 1900
METZGER, WOLFRAM / KREISS, JAKOB: Drehorgeln schaurig-schön. Ausstellungskatalog. Karlsruhe 1994
MÜHE / KAHLERT / TECHEN: Kuckucksuhren, Furtwangen 1988
MÜHE, RICHARD / KAHLERT, HELMUT: Deutsches Uhrenmuseum Furtwangen. Die Geschichte der Uhr, München, 3. Aufl. 1990
MÜLLER-TAMM, PIA / SYKORA, KATHARINA (HRSG.): Puppen, Körper, Automaten. Phantasmen der Moderne. Düsseldorf 1999
PETZOLD, LEANDER (HRSG): Die freudlose Muse. Texte, Lieder und Bilder zum historischen Bänkelsang. Stuttgart 1978
PRICE, DEREK J. DE SOLLA: Automata and the Origins of Mechanism and Mechanistic Philosophy. In: Technology and Culture, Vol. V, No. 1, Detroit 1964; p. 9-23
RADEMACHER, GERHARD: Technik und industrielle Arbeitswelt in der deutschen Lyrik des 19. und 20. Jahrhunderts. Frankfurt 1976
RAMBACH, HERMANN: Waldkircher Orgelbauer, Waldkirch 1984
SAUER, LISELOTTE: Marionetten, Maschinen, Automaten. Der künstliche Mensch in der deutschen und englischen Romantik. Bonn 1983
SCHAAF, BERTHOLD: Schwarzwalduhren, Karlsruhe 1995
SCHÜTZ, ERHARD (HRSG.): Willkommen und Abschied der Maschinen. Literatur und Technik. Bestandsaufnahme eines Themas. Essen 1988
SEGEBERG, HARRO: Literarische Technik-Bilder. Studien zum Verhältnis von Technik- und Literaturgeschichte im 19. und frühen 20. Jahrhundert. Tübingen 1987
SIMON ERNST: Mechanische Musikinstrumente früherer Zeiten und ihre Musik. Wiesbaden 1960
SÖRING, JÜRGEN / SORG, RETO (HG.): Androiden. Zur Poetologie der Automaten. Frankfurt am Main 1997
Steinbuch, Karl: Automat und Mensch. Auf dem Weg zu einer kybernetischen Anthropologie. 4., überarb. Aufl. Berlin 1971
VOERSTER, JÜRGEN: 160 Jahre E.T.A. Hoffmann-Forschung 1805-1965. Eine Bibliographie mit Inhaltserfassung und Erläuterungen. (Bibliographien des Antiquariats Fritz Eggert, Bd. 3). Stuttgart 1967
WEINHART, KARL (HRSG.): Informatik. Führer durch die Ausstellung, Deutsches Museum, München 1996
Werner, Hans Georg: E.T.A. Hoffmann – Darstellung und Deutung der Wirklichkeit im dichterischen Werk. 2. Aufl. Berlin 1971
WITTIG, FRANK: Maschinenmenschen. Zur Geschichte eines literarischen Motivs im Kontext von Philosophie, Naturwissenschaft und Technik. Würzburg 1997
ZERASCHI, HELMUT: Drehorgeln. Bern/Stuttgart 1979
ZUSE, KONRAD: Der Computer – mein Lebenswerk, Berlin 1993

IMPRESSUM

Herausgegeben von Evelyn Flögel

Konzept und Text: Evelyn Flögel
Lektorat: Christoph Lehr
Übersetzungen: Olivia Rajabaly, Carole Tourde, Christine Herbstritt, U.Schwarz
Fotos: Roland Krieg, Rainer Querfurt, R. A. Goethe, J. Schindler
Gestaltung und Satz: Michael Wiesinger und Ulrike Höllwarth
Gesamtherstellung: Burger-Druck Waldkirch

ISBN: 3-9810316-0-1

DANKSAGUNG

Mein herzlicher Dank gilt Herrn Armin Lummel von der Josephine Wägele Stiftung, der es ermöglicht, dieses Buch zur Sammlung des Elztalmuseums in Zeiten angespannter Finanzen zu verwirklichen um das Phänomen des Waldkircher Orgelbaus im überregionalen, kulturgeschichtlichen Spektrum darzustellen, so dass wir dem wachsenden Interesse unserer Museumsbesucher damit Rechnung tragen können.

Herrn Rolf Jacobi, der aus seiner bemerkenswerten Sammlung für dieses Buch Grafiken zur Verfügung gestellt hat, danke ich ganz herzlich.

Danken möchte ich auch den Waldkircher Orgelbauern, vor allem Stephan Fleck für die hilfreichen Informationen zur Mechanik der Musikautomaten.

Elztalmuseum
Kirchplatz 14
D-79183 Waldkirch
Telefon 0 76 81 / 47 85 30
Telefax 0 76 81 / 2 55 62
www.elztalmuseum.de
info@elztalmuseum.de